LE RAGAZZE
DELLA LUNA

AMALIA ERCOLI FINZI
ELVINA FINZI
con TOMMASO TIRELLI

LE RAGAZZE DELLA LUNA

Sogni e scoperte delle scienziate dello Spazio

Illustrazioni di Alice Beniero

MONDADORI

Redazione di: Marta Dosi

www.ragazzimondadori.it

Prima edizione ottobre 2024
Stampato presso ELCOGRAF S.p.A.
Stabilimento di Cles (TN)
Printed in Italy
ISBN: 978-88-04-79012-9

Alle sorelle minori, alle maggiori,
e a quelle che ci siamo scelte

SOMMARIO

INIZIA IL VIAGGIO

Amalia, inutile dirlo, si accomodò direttamente a capotavola. Il suo sguardo volò con stupore e meraviglia sulla tavola imbandita da sua figlia Elvina. Solo i più accorti notarono trapelare anche una lieve disapprovazione: sapevano che stava giudicando tutto quel ben di Dio come eccessivo.

Amalia si voltò poi verso la nipotina e le disse, sorridendo: «Tanti auguri alla mia piccola Emma, che oggi compie cinque anni!». Senza scusarsi, disse che era stata troppo affaccendata, come al solito, e che chiaramente non aveva avuto tempo di cercarle un regalo, ma che le avrebbe lasciato qualche soldino sul tavolo all'ingresso. Con queste parole ritenne concluse le attenzioni dovute alla festeggiata, e guidò la conversazione su questioni ben più importanti: «Avete visto il "Corriere"? Ieri, alla sede delle Forze armate, di cui io sono madrina onoraria, c'erano due sottosegretari, il prefetto, alti ufficiali, e che cosa hanno titolato? "La verve di Amalia Finzi protagonista alla giornata sulla parità di genere." Io l'ho detto al giornalista che non doveva parlare di me, ma non mi ha dato retta..."».

I commensali tacquero, sapevano che il grado di vanità di Amalia era direttamente proporzionale al suo grado di stanchezza, particolarmente evidente quella sera nel viso teso e nell'acconciatura scomposta, che si sarebbe inevitabilmente potuta trasformare in un traboccante riflusso di cattiverie e malelingue per chiunque si fosse trovato a tiro.

«La mia fortuna è che sono sordo» mugugnò con lo sguardo fisso sul piatto Berto, suo marito, suscitando qualche sorrisetto negli altri.

«Oh, povera me!» ribatté Amalia. «Però sono sempre io quella che si occupa di te. Da sessant'anni. Un amore infinito, ma che fatica!»

Berto non reagì a quella sottile provocazione, forse non sentì davvero, e riprese il filo del pedante monologo che aveva iniziato la settimana prima: un elenco particolareggiato dei motivi che avevano spinto al fallimento alcune delle missioni spaziali di Elon Musk, il miliardario americano che stava rivoluzionando la conquista dello spazio; lui avrebbe certamente saputo fare meglio, disse, se solo glielo avessero chiesto.

In risposta, Amalia si riprese la scena, parlando di chi c'era e chi non c'era alla registrazione in TV, di chi l'aveva fermata per strada per farle i complimenti e di chi era venuto a trovarla in ufficio.

Solo la piccola Emma, inaspettatamente, era stata rapita dal dettagliato racconto dell'anziano nonno e, avvicinandosi alla mamma, le bisbigliò all'orecchio: «Da grande voglio fare l'astronauta».

Elvina sorrise.

Amalia, che aveva osservato la scena, disse: «Io no, non ho mai voluto fare l'astronauta, eppure sono piccolina di statura, quindi ci starei bene dentro una capsula spaziale. Ma sto male anche ad andare su e giù in ascensore, figuriamoci su un razzo che vola nello spazio! L'ho detto anche a tua sorella Micol, voi bimbe da grandi potrete fare tutto quello che vorrete. Vi serviranno impegno, determinazione e metodo. E un pizzico di fortuna, che non guasta mai. Vedi, tesoro, io da piccola ero molto curiosa e avevo il gusto per il nuovo e l'avventura: inizialmente pensavo di fare la domatrice di animali feroci o l'esploratrice di territori sconosciuti. In Africa o nella ancora più affascinante Cina... Cantavo sempre una canzoncina: *Sono cinese, mi chiamo cen cing, oppure mi chiamo ciang ciang, ho un codino*... C'era un codino di mezzo, ma non ricordo più».

«Nonna, sei buffa!» disse Emma ridendo.

«Poi in realtà mi sono innamorata delle stelle. Dal balconcino della mia cameretta tutte le sere guardavo il cielo. Anche d'inverno, perché è più limpido; uscivo fuori scalza e in pigiama (e infatti ho preso tanti di quei raffreddori). Guardare le stelle è una cosa meravigliosa. Ci sono le stelle più importanti che si vedono bene a occhio nudo e altre che si vedono appena, una miriade di puntini brillanti nella notte. Io pensavo di unirli con una retta e di saltare da una stella all'altra fino a quando arrivavo lontano. Sai fin dove? Oltre le stelle più lontane.»

DIVENTARE UN'ASTRONAUTA (CON L'APOSTROFO)

DIALOGO CON

ANTHEA COMELLINI

«La figura dell'astronauta affascina da sempre i più piccoli, e ne stimola la fantasia. Probabilmente anch'io un tempo ne ho subito il fascino. I bambini e le bambine sono molto recettivi, e tutto ciò che ascoltano o vedono può attivare la loro immaginazione e accendere una scintilla che potrà determinare le loro scelte future. E questo può fare la differenza.

«Nella figura dell'astronauta si riflette il desiderio dell'esplorazione, dell'andare oltre i confini, del viaggiare sulla Luna, del sogno impossibile – come è stato tanto raccontato in letteratura. Però su questa mi taccio, perché l'ultima volta che ho studiato qualcosa di questo tipo era più di quindici anni fa, quindi rimango saldamente ancorata alla parte scientifica del mio lavoro piuttosto che sconfinare in quella umanistica, perché non vorrei dire cavolate!»

Anthea Comellini si rese immediatamente simpatica. La giovane ingegnere, fresca di ammissione nella squadra dei prossimi astronauti europei selezionati per future missioni in orbita, incantò da subito la platea con la sua forza gentile. A Busalla, l'atmosfera del Festival dello Spazio sembrava più quella di un convivio tra amici, che quella di un congresso scientifico. Il padrone di casa, Franco Malerba, l'astronauta italiano famoso per aver portato per primo nello spazio un satellite Tethered – ovvero di averlo portato "al guinzaglio" per sperimentare la generazione di corrente elettrica nello spazio – non era nuovo nel creare interessanti occasioni d'incontro, portando nell'elegante villa comunale della sua città un po' nascosta tra le Alpi Liguri personaggi di primo piano della scena tecnologica e scientifica.

Elvina si era offerta di accompagnare Amalia con la sua auto, perché altrimenti sua madre ci sarebbe andata da sola con la vecchia "Rossa" il cui motore, però, ormai provato dal tempo, emetteva a singhiozzo rumori poco rassicuranti. «La Rossa va benissimo, e ce la faccio a guidare da sola, ma se proprio ci tieni a venire con me...» fu la risposta di Amalia. Giunsero con un tragico ritardo all'appuntamento, ma, non appena fecero timidamente capolino in sala, vennero travolte da un inaspettato applauso e dalla voce profonda di Malerba, che incitava Amalia a prendere subito il microfono, per iniziare la sua conversazione con Anthea. Il profumo della farinata e della focaccia stava però già salendo dalla cucina, e qualcuno dalla platea particolarmente affamato ricordò con ironia le priorità della giornata. Si convenne dunque di rimandare il confronto generazionale tra le due ingegnere aerospaziali a dopo il pranzo.

«Io conosco personalmente tante astronaute» disse Amalia a un gruppetto di fans che le si coagularono attorno. «Valentina Tereskova, per esempio, la prima donna che ha volato nello spazio, è una mia carissima amica. Anzi, siamo coetanee, o forse lei è più vecchia di me di qualche mese? Non ricordo. La cosa che non mi va giù, però, e che su seicentotrentaquattro persone che sono state nello spazio finora, si contano solo settantatré donne. Troppo poche. Le donne sono adatte al volo spaziale tanto quanto gli uomini. Per questo ho fatto scrivere che nella prima missione umana su Marte, dei sette membri dell'equipaggio, quattro dovranno essere donne.»

Elvina, nel porgerle un piattino con la farinata che aveva faticosamente conquistato sgomitando al buffet, l'apostrofò: «Il fatto è che tu fai parte di una generazione di ingegneri e scienziati che ha avuto una rappresentazione femminile molto bassa. Troppo a lungo, per fattori culturali e sociali, c'è stata una sottovalutazione del ruolo delle donne nel campo scientifico e tecnologico. Ma oggi le cose stanno cambiando. Le ragazze non saranno più stelle isolate, ma, unendosi, formeranno intere costellazioni».

«Esatto. Io sono certa che, con le loro competenze, le ragazze daranno vita a intere costellazioni di soluzioni, tecnologie e scoperte, che illumineranno il cielo e renderanno più umana la vita sulla Terra. Le discipline STEM sono infatti il futuro dell'umanità» spiegò Amalia, «e le donne devono rivestire un ruolo fondamentale nel loro successo. Se i colleghi uomini non ci faranno spazio, ce lo prenderemo. Le ragazze possono – e devono – contribuire con le loro capacità e le loro intelligenze a costruire nuovi scenari, perché la nostra società sarà sempre più permeata di tecnologia. E lo spazio ci permette di sperimentare, anticipare e mettere a punto cose che avranno un impatto sulla nostra vita quotidiana.»

Una fan la interruppe per aggiungere con tono enfatico: «C'è qualcosa di importante da fare: non sono in molti a sapere che le donne stanno contribuendo in modo sostanziale alla costruzione di un domani migliore. Bisogna raccontarlo! Servono degli esempi».

«Di ragazze che ce la stanno mettendo tutta, dimostrando oltre agli stereotipi quanto siano grandi le opportunità nel campo dello spazio, ce ne sono eccome!» concluse Amalia, quasi levandosi in punta di piedi per cercare con lo sguardo Anthea tra quella piccola folla.

Elvina ne approfitto per alzarsi anche lei, e, prendendo sua madre sottobraccio, l'allontanò di qualche passo.

«Che c'è Elvina?» chiese Amalia, notando la figlia molto pensierosa.

«Mamma, ho capito una cosa importante. Dobbiamo mostrare che, anche se si può fare sempre di più, le donne nelle STEM sono già tante. E bravissime. Sento che abbiamo una missione da compiere. Ha a che fare con i sogni che sembrano impossibili, ma che invece con impegno e dedizione si possono realizzare. Che ne diresti se andassimo in cerca di testimonianze di competenze femminili nello spazio, le raccogliessimo e le facessimo conoscere? Potremmo incontrarle e raccogliere le interviste in un libro!»

«Bell'idea!» esclamò con entusiasmo. Poi però indugiò un attimo e disse: «Ma io non ho tempo».

«Perché? Questo potrebbe essere un modo per incoraggiare i giovani a incamminarsi lungo la strada delle STEM e a immaginare un futuro che prima non c'era. Sono sicura che tu sappia quante sono, in Italia, le competenze preziosissime: mi basta guardarmi intorno oggi, per esserne certa.»

«Ho troppo da fare, Elvina, lo sai. Dove trovo il tempo anche per questo?»

Intanto quelli del fan club, incuriositi dalle chiacchiere segrete e animate tra madre e figlia, si erano fatti di nuovo vicini. Così Amalia sentenziò a beneficio di tutti, con orgoglio: «L'Italia ha certamente avuto un ruolo primario nell'ambito aerospaziale, e ce l'ha tuttora. Basti pensare che è stato il terzo Paese, dopo la Russia e gli USA, ad avere un satellite nello spazio. Fu con la missione San Marco, del 1964. Peccato che allora di contributo femminile non ce ne fu affatto».

«Vedi, allora, che abbiamo proprio bisogno di raccontare le preziosissime competenze femminili di oggi?» la incalzò Elvina.

«Ah guarda, ecco Anthea. Chiedi a lei! Può essere una prima testimone per questa tua iniziativa.»

«Per questa *nostra* iniziativa» sussurrò Elvina avvicinandosi all'orecchio della madre, «è un qualcosa che faremo insieme. È deciso!»

Amalia, socchiudendo gli occhi, fece un sospiro come per dire: "Va bene, va bene, vedremo...", prima di accogliere con un abbraccio festoso la giovane futura astronauta.

★

Da dove nasce la tua fascinazione per lo spazio? chiese Elvina ad Anthea, mentre erano sedute su una panchina nel cortile della villa.

«Allora, faccio davvero un po' fatica a spiegare da dove parte, nel senso che penso che ci sia sempre una componente un po' irrazionale in quelle che sono le nostre passioni. Ricordo che da piccola i film con gli astronauti o con i pionieri dell'aviazione mi facevano brillare gli occhi, ma poi il lavoro dei sogni a cui aspiravo era diventare scrittrice.»

Davvero?

«Sì, ma penso che quella di scrivere e di riuscire a mettere su carta i propri pensieri sia una delle prime competenze che si imparano a scuola. Io ero molto cerebrale, scrivere mi aiutava a organizzare i pensieri e a capire meglio cosa succedeva intorno a me. E poi leggevo tanto. Dopo, ovviamente, più cresci, più conosci nuovi campi.

Ho iniziato così a immaginarmi come ricercatrice scientifica, magari in Medicina, per gli aiuti concreti verso la società che questa disciplina può dare.»

Anche lo spazio ha delle ricadute concrete sulla società, ma sono meno immediate da capire, ribatté Elvina.
«Certamente! Io infatti l'ho visto solo più tardi. A un certo punto ho avuto un momento di esitazione nello scegliere fra una professione operativa, e diventare pilota di aereo, o invece intraprendere un percorso scientifico e tecnico. Fare il pilota mi attirava molto, perché è un lavoro "in tempo reale", dove sei tu in prima persona a svolgere dei *tasks*, dei compiti. Era una cosa che, per esempio, avevo già sperimentato negli sport. Ho sempre fatto orienteering, dove tu corri, però nel frattempo leggi la cartina, decidi dove andare, quindi unisci la prestazione fisica con quella mentale. Quando ho capito che volevo virare sulla parte scientifica-tecnica, ho cercato di capire quale fosse il campo che mi ispirava di più. Ero attirata sia dall'infinitamente grande, quindi lo spazio, sia dall'infinitamente piccolo, quindi dalla fisica nucleare. E alla fine ho scelto l'infinitamente grande, così, un po' a sentimento! E mi sono iscritta a Ingegneria aerospaziale.»

Be', alla fine fare l'astronauta è un po' come fare il pilota e l'ingegnere insieme. Li uniscono passione, determinazione e coraggio. Quale altra tua dote pensi ti aiuterà?

«La mia mamma dice la tenacia e mio fratello dice il metodo. Sì, penso che siano due buoni spunti, nel senso che io ho sempre detto che non sono un genio in niente, però sono capace di applicarmi. Come se il mio talento fosse il fatto di non avere talenti particolari. Ma so impegnarmi molto e cercare di far fruttare quello che ho. Quando mi pongo un obiettivo cerco di costruire il percorso giusto per ottenerlo; ma se poi l'obiettivo cambia sono anche capace di modificare la rotta. E poi nella vita ci sono la fortuna e la sfortuna. Però a me è sempre piaciuto cercare di ridurre al minimo il margine di azione della fortuna agendo su tutte le variabili controllabili del sistema. E fra le variabili controllabili ci sono l'impegno, la preparazione, lo studio che ci puoi mettere tu, no? E quindi, per esempio, quando ero in università, non sapevo che lavoro avrei fatto. Anche perché molto spesso, quando sei in università, studi tanto e vedi come obiettivo solo l'esame, ma non conosci in realtà poi quali siano i possibili sbocchi professionali. Io non avevo assolutamente in mente come obiettivo finale quello di diventare astronauta...»

Quindi il tuo pensiero era quello di studiare tanto, di approfondire le cose così da capire cosa ti piacesse maggiormente o cosa fosse più giusto o sbagliato per te?
«Sperando che prima o poi tutto quel lavoro che ci mettevo mi sarebbe tornato indietro!»

Insomma, è importante farsi trovare pronti.
«Sì, il farsi trovare pronti è un po' questo: se tu ti applichi, se tu sei determinato, se hai una visione, se lavori con serietà, e se ti comporti bene con gli altri, di certo il treno delle opportunità passerà e avrai di sicuro più possibilità di prenderlo rispetto a chi si è applicato di meno. Poi può anche non passare mai, e va bene lo stesso.»

Con la tua solida preparazione, a un certo punto hai deciso di raccogliere la sfida per diventare astronauta. Come nasce questa idea?
«Quando è stata annunciata la selezione, nel 2021, io avevo ventinove anni e più o meno dieci anni di esperienza nel campo aerospaziale. Avevo quindi una certa sicurezza e conoscenza dell'ambiente. Non tantissima, perché comunque da un punto di vista strettamente professionale lo conoscevo da circa tre anni, però diciamo che avevo un punto di vista piuttosto informato su quale potesse essere la professione dell'astronauta. Quando uno lo

vede da fuori pensa che sia il lavoro dei sogni, un ruolo da eroe da romanzo, o da star cinematografica. Invece io avevo fortunatamente un punto di vista più razionale, sapevo da che cosa fosse composto il "pacchetto completo". Sapevo, per esempio, che ci sarebbero stati aspetti del lavoro operativo che mi avrebbero attratta di meno: l'astronauta quando sta sulla stazione spaziale è un operatore, fa da idraulico, elettricista, meccanico; non è lui che idea l'esperimento, o lo strumento, o l'infrastruttura. Semplicemente fa quello che gli dicono di fare da terra. Allo stesso tempo c'è una parte molto affascinante, quella di preparazione e acquisizione di nuove *skills*, che ti chiede di imparare a mettere assieme tutte le conoscenze che hai e acquisirne di altre, e di unire appunto la performance fisica a una performance più mentale.»

Come è iniziato il processo di selezione?
«Cercando di guardarmi un po' da fuori mi sono riconosciuta nella descrizione del profilo richiesto. Poi sapevo benissimo che si trattava di un processo in cui c'erano delle variabili fuori dal mio controllo, quindi non sapevo esattamente cosa l'Agenzia spaziale europea cercasse in quel momento, come fossero gli altri candidati, quali i fossero i requisiti fisici e psicologici. Però mi sono detta che sulle cose che potevo controllare io sarei stata una buona candidata e che, se fossi stata selezionata,

alla fine sarei stata pronta ad accettare quel ruolo. Quindi mi sono detta: vado!»

Nel pronunciare questa frase, Anthea raccolse in una coda la sua cascata di capelli ricci, come per prepararsi all'azione.

Quali sono state le tappe della selezione?
«Ce ne sono state diverse. All'invio del dossier di candidatura eravamo circa in ventiduemila, poi in millequattrocento siamo stati invitati a una fase di test psicometrici, poi in quattrocento a un test psicologico, in cento al test medico-fisico e poi in una cinquantina a due fasi di interviste all'ESA. Alla fine siamo stati selezionati in diciassette, otto ragazze e nove ragazzi. Alla prima fase in persona, quindi quella dei test psicometrici, in sei abbiamo fatto gruppetto e abbiamo iniziato a prepararci insieme per i test successivi. Facevamo un po' di giochi di ruolo su Zoom, perché ovviamente eravamo in ogni lato del mondo in quel momento. Cercavamo di vedere come fossimo in grado di gestire i rapporti interpersonali, le divergenze di opinione, i conflitti. Era un modo per migliorarci, avendo il feedback di persone che lavoravano con noi per la prima volta e che, perché no, avevano il coraggio di dirci, per esempio: "Guarda che tendi a togliere la parola agli altri!". Poi ti rendi conto che que-

sta è una cosa che veniva solo da noi tre italiani e dunque è un fattore culturale. È molto importante capire e conoscere queste differenze nelle missioni spaziali, dove i team sono sempre internazionali.

«Abbiamo anche stretto un rapporto molto profondo di amicizia tra noi. Sai, quando condividi un percorso così particolare c'è un legame emotivo molto forte. Tre di noi sei sono stati selezionati, quindi... Ha funzionato? Contro ogni statistica, effettivamente, ha funzionato. Abbiamo fatto *crew* fin dall'inizio e anziché vederci come concorrenti, ci siamo visualizzati seduti assieme sul razzo, sapendo che, ecco, volevamo arrivare tutti lì.»

Quindi, più gioco di squadra che competizione?
«Decisamente gioco di squadra. Anche perché in realtà la selezione non è una vera competizione, nel senso che non sai quale sia il profilo che l'agenzia cerca in quella determinata fase, e i profili cambiano per tipo di missione. In più ci sono delle variabili esterne tipo il bilanciamento di nazionalità. L'unica cosa che puoi fare è essere la migliore versione di te stessa, non migliore rispetto agli altri. E quindi questa cosa di solito si riesce a ottenere solo lavorando assieme.»

La tua famiglia ti ha sostenuta in questo percorso?
«Non siamo una famiglia di grandi celebratori, quindi

non facciamo un tifo da stadio neanche quando succede qualcosa di eccezionale. Però ho sempre sentito che i miei genitori non avessero dubbi che ce l'avrei fatta.»

Ti capisco, anche i miei genitori sono così. Hanno sempre appoggiato le mie scelte e partecipato ai miei successi, ma non li hanno mai enfatizzati. Per esempio, quando mi sono laureata in Ingegneria nucleare a pieni voti, ho percepito che per loro era una cosa "normale". Ma poi ho capito che è più un atteggiamento che si danno, del cosiddetto "understatement"...
«I miei hanno avuto un approccio molto moderato, perché io avevo ben spiegato loro che c'erano delle cose che non controllavo, ma se tu adesso chiedessi al mio babbo, lui ti direbbe: "Ma io lo sapevo che l'avrebbero presa!". Però allora non è che me lo dicesse, anzi, i miei hanno cercato di non mettermi addosso pressione. E io non ho sentito mai da parte loro il peso dell'aspettativa. Neanche prima della selezione, in realtà. Quando a scuola puntavo a prendere un voto alto, di là mio papà mi diceva: "Sì, ma puoi anche studiare un po' di meno e prendere un voto un po' più basso ogni tanto!".

Quindi proprio l'opposto di quello che ci si potrebbe aspettare...
«Sì, però sempre con il sottotitolo "credo in te e che tu possa farcela". Un altro pregio che devo riconoscere ai miei genitori è che non mi hanno mai messo paletti partico-

lari neanche nelle scelte più banali. Secondo me questa cosa mi ha responsabilizzata molto sin da piccola. Se una figlia capisce dai genitori che è lei che può scegliere, non farà una scelta scapestrata, ma ponderata e... dimostrerà di essere all'altezza della libertà che le viene data. Io ringrazio di aver ricevuto questo, anche nello sport. Sin da piccola mi hanno lasciato libera di andare in giro per tornei in tutta Italia, dormendo per terra nelle palestre e così via, perché il mio sport era un ambiente sicuro e sano.»

Mi sembra un bel messaggio. Allora, dicevamo: determinazione, passione e sacrificio.
«Anche se quest'ultima parola non mi piace...»

Perché?
«Per esempio, adesso, per me non sto facendo sacrifici, perché sto vivendo la vita che mi piace: il mio lavoro come ingegnere di ricerca spaziale mi appassiona. Per fortuna il mio compagno capisce questa passione – che tra l'altro condividiamo –, quindi non c'è neanche bisogno di spiegarsi. Non è un sacrificio lavorare molto e ogni tanto portarsi il lavoro a casa perché è quello che ci piace, quello che ci diverte anche. Magari durante l'università possono sembrare un sacrificio le nottate passate a studiare, svegliarsi presto e tutto il resto. Effettivamente da fuori possono essere interpretati come sacrifici, nel sen-

so che anziché uscire e andare a ballare stai studiando. Però io non è che stessi facendo qualcosa contro la mia volontà, anzi io la stavo semplicemente esprimendo: la mia volontà era di studiare e di raggiungere l'obiettivo che mi ero posta. Quindi stavo facendo qualcosa per me.»

Ma secondo te perché si dice che oggi i ragazzi non siano più disposti a fare sacrifici?
«Io ammetto di non conoscere tanto la generazione Z, quindi non posso esprimere un giudizio. Però penso che gli ultimi anni abbiano portato un sentimento di incertezza enorme, tra il Covid, lo scoppio di guerre vicine, la crisi energetica e climatica. So che alcuni giovani hanno proprio una sorta di depressione esistenziale, un'assenza di fiducia nel futuro. Le generazioni precedenti, invece, come quelle dei miei genitori, avevano l'idea di costruirsi delle possibilità, avevano la convinzione che se lavoravi sodo avresti avuto delle condizioni migliori rispetto a quelle dei tuoi genitori. Oggi questo è venuto un po' a mancare.»

Se potessi dare un consiglio ai ragazzi, cosa diresti? Magari a una ragazza che vuole affrontare un percorso come il tuo e non sa se è in grado di farlo.
«Io ricorderei loro che le cose si fanno passo per passo. Il primo passo, per esempio, potrebbe essere iscriversi al

liceo scientifico. Non è vero che le materie scientifiche sono solo per i ragazzi. E neanche che a Ingegneria aerospaziale sono tutti dei geni. Quindi alle cose ci si arriva un po' per volta. Poi ovviamente ognuno deve capire quali sono i propri talenti, perché c'è chi nasce con una certa propensione e chi con altre. Quindi nel momento in cui inizi a conoscerti capisci cosa è alla tua portata. Se riesci a fare il primo gradino, in teoria riesci a fare anche gli altri e a salire tutta la scala. Non è che devi fare un salto o un volo.»

Mi sembra motivante. Senti, come ci si prepara allora ad affrontare una missione nello spazio?
«Lo dico solo per sentito dire, perché ancora non ci sono stata! Ho però avuto modo di confrontarmi con altri astronauti e più o meno ho capito com'è il processo. Si spera che prima o poi ci passeremo anche noi della nuova leva. Per me l'approccio sarà proprio quello dell'ingegnere, quello che applico anche nella vita lavorativa normale. Tipo: se mi viene un dubbio su una fase di un viaggio spaziale che penso sia critica, allora vado a leggere come questa cosa viene controllata. Se si sono accorti del tal problema che viene mitigato in tal modo, si è certi che tutto funzioni. Poi ci sono delle variabili non controllabili, però si cerca come sempre di ridurre al minimo il margine della sorte.»

Ti fa paura l'idea di lasciare la Terra a bordo di un razzo?
«No, anche se certo un po' di apprensione per le fasi più critiche, quali il lancio e il rientro, sarebbe sbagliato dire di non averla. Anzi, penso che addirittura durante la selezione, le persone che dicevano agli psicologi di non avere alcuna paura del lancio o del rientro non siano state giudicate idonee. Comunque è certo, benché si faccia tutto secondo routine, che esistono degli *hazard* e il rischio di perdita dell'equipaggio rimane. Quindi tu devi avere coscienza di questa cosa, altrimenti saresti un folle. Però anche qui per me il gioco vale la candela, nel senso che il programma spaziale abitato – quello che prevede nuovi insediamenti sulla Luna – è qualcosa in cui credo fortemente e quindi accetto questo rischio controllato perché è in linea con i miei valori.»

Come ti aspetti che sarà la chiamata per la tua prima missione nello spazio? Una telefonata nel cuore della notte, dove ti dicono che devi partire il giorno dopo?
«No, penso che sarà una cosa che inizierà a sentirsi nell'aria. Sappiamo che in questo momento i modi per volare per noi astronauti italiani di riserva sono due: o per turnover generazionale (in sostituzione di Samantha Cristoforetti e Luca Parmitano) o con l'arrivo di nuovi finanziamenti e di nuove missioni. E queste non arrivano dall'oggi al domani. Io ci spererò fino all'ultimo, ma in

realtà secondo me l'approccio migliore è non sperarci per niente.»

Poi con la commercializzazione e la privatizzazione del volo spaziale c'è in atto un cambio di paradigma anche nei criteri di selezione, perché i privati richiedono meno addestramento… Quindi chi lo sa?
«Della mia annata, in cinque stanno facendo l'addestramento e per loro ci sarà un volo tra il 2026 e il 2030. Però per i riservisti ci sono anche possibilità di contratti a tempo determinato, una specie di "astronauta a progetto" per missioni più corte, della durata di due settimane. Come le missioni per voli spaziali privati con equipaggio commerciale che richiedono un addestramento un po' più corto perché non c'è la parte di attività extraveicolare.»

Quindi ci sono ancora più chances…
«Ah, io non mi pronuncio!»

★

Amalia, che nel frattempo era stata contesa da questo e da quello per una foto e uno scambio di battute, si avvicinò e guardò compiaciuta la figlia, che aveva raccolto quel suo invito a confrontarsi con Anthea (ovviamente le idee buone erano solo le sue!).

Poi irruppe nella conversazione e tagliò corto: «Bene, ora dobbiamo andare, io e Anthea abbiamo un lavoro da fare!». Detto ciò, si avviò insieme alla giovane verso la sala conferenze, dove un pubblico curioso e appassionato già le attendeva con trepidazione.

Nella strada tutta curve del ritorno, Elvina raccontò ad Amalia come l'incontro con Anthea l'avesse profondamente colpita. Così giovane eppure così focalizzata, così preparata e allo stesso tempo alla mano e disponibile. Non erano certo doti comuni.

«E comunque il duetto tra di voi ha funzionato bene» disse Elvina. «È stato avvincente conoscere i punti di contatto e le differenze tra i vostri percorsi di ingegnere aerospaziali, sebbene li separino cinquant'anni. A un certo punto, quando hai svicolato di fronte alla domanda sulla sostenibilità che ti ha fatto quel ragazzo dal pubblico, mi è anche venuto da ridere, sei stata abilissima!»

«Non ho svicolato su nulla, ho solo riportato il discorso su questioni più solide» rispose Amalia.

«Non so. Forse è proprio qui che entra in gioco la questione generazionale. Oggi la sostenibilità in generale, e in particolare quella delle missioni spaziali, è un argomento che interessa molto i giovani.»

«Ma lo so bene. Guarda che io sono più giovane dei giovani, cosa credi?» ribatté Amalia, con la sua parlantina invidiabilmente instancabile, anche dopo una giornata così intensa e piena di incontri.

«Non avevo realizzato» continuò Elvina «che nello spazio tutti i sistemi di supporto alla vita degli astronauti sono sistemi dove si applica l'economia del ricircolo. Ma Anthea l'ha spiegato molto bene. Non potendo portare tutto da casa, ricircoli l'ossigeno, l'anidride carbonica, l'80% dell'acqua, crei energia con i pannelli solari. E immagino che per abitare la Luna questa necessità sarà ancora più impellente, perché per estrarre l'ossigeno, produrre acqua e creare ripari dalle radiazioni non potremo che utilizzare le risorse del posto.»

«Certo, l'obiettivo di vivere nello spazio, che è un ambiente estremo, ci dà la spinta alla ricerca di conoscenze e tecnologie sostenibili, che poi ci riporteremo indietro sulla Terra, per il beneficio del nostro pianeta. Che è bellissimo, ma fragile» aggiunse Amalia. E continuò: «Ma la sostenibilità non riguarda solo i futuri modi di vivere nello spazio. Non dobbiamo dimenticare che dallo spazio noi possiamo studiare e comprendere molti dei fenomeni che contribuiscono al cambiamento climatico sulla Terra. Più li conosceremo, più soluzioni troveremo per mitigare i rischi».

«Mi piacerebbe approfondire il tema della sostenibilità spaziale. Conosci qualcuno che lavora specificamente su questo?»

«La Luisa, all'ESA, si è occupata del programma Clean Space. Lei è stata una pioniera sull'argomento. È stata la prima a occuparsene, anche se all'inizio aveva tutti contro, perché si pensava che la sostenibilità nello spazio fosse un problema ininfluente, poco rilevante e tra l'altro costoso.

«È stata determinata e coraggiosa, non si è fatta abbattere e ha trovato il modo per costruire un intero programma capace di influenzare la politica spaziale. Anche grazie a questo, adesso, tutti i nuovi satelliti sono obbligati a tenere il combustibile sufficiente per potersi deorbitare a fine vita, bruciandosi con il rientro in atmosfera terrestre, evitando di trasformarsi in un rifiuto spaziale. Ormai su certe orbite particolari ci sarebbe bisogno del semaforo, tanti sono i satelliti e i detriti che vi viaggiano.

«Oh, ecco che chiama il Berto. Poveretto, lo abbiamo lasciato solo tutto il giorno. Pronto, eccomi, ciao tesoro!»

PULIZIE NELLO SPAZIO

DIALOGO CON

LUISA INNOCENTI E BENEDETTA CATTANI

Elvina contattò Luisa Innocenti, fisica e ricercatrice all'Agenzia spaziale europea. C'era tra loro un bel legame di amicizia familiare, nato al tempo in cui Amalia mandò Franco Ongaro, uno dei suoi studenti più brillanti, a lavorare in ESA a Parigi. Fu proprio lì che lui conobbe Luisa, e la sposò. Poi Elvina, da studentessa Erasmus un po' sperduta nella grande metropoli francese, venne ingaggiata da Luisa e Franco come baby-sitter per le loro bambine, ma in realtà trovò in loro quasi una seconda famiglia.

Elvina, infatti, da ragazza, affascinata dai mondi infinitamente piccoli, aveva studiato Ingegneria nucleare e, al momento di scegliere un luogo dove specializzarsi, si era orientata verso la Francia. Dove andare, si era chiesta, se non nel Paese più all'avanguardia nell'industria dell'energia?

La compagnia di Luisa e Franco era stata l'occasione per tenera viva l'altra grande passione di Elvina, legata al mondo dell'infinitamente grande, lo spazio. Durante i piacevoli pranzi domenicali, l'avevano aiutata a individuare la strada lungo cui iniziare a sgambettare da sola. E da lì Elvina si era poi inerpicata su per il sentiero dell'industria e della gestione delle imprese tecnologiche.

★

Elvina era felicissima di risentire Luisa. Dopo i rispettivi aggiornamenti su figlie, traguardi e progetti in vista, venne al punto.

Luisa, tu sei il capo di Clean Space, il programma che si occupa di minimizzare gli impatti delle attività spaziali sia sulla Terra sia nello spazio, che è già stato inquinato da milioni di debris, di detriti spaziali. In che modo si possono comprendere gli impatti ambientali delle missioni spaziali?
«La questione dell'*environment*, della sostenibilità ambientale, è una cosa da giovani» esordì Luisa, collegata via Teams da Parigi. Dietro di lei uno sfondo blu profondo da cui si stagliava il disegno di un'orbita spaziale.

«Quando abbiamo incominciato a parlarne all'interno di ESA, i miei colleghi più anziani mi prendevano in giro dicendo che non vedevano la necessità di affrontare questo argomento. Uno arrivò a dirmi che a lui le zanzare non piacevano, e che tutta questa storia del green, dove non si ammazzano neanche le zanzare, non gli andava proprio giù. Un altro mi disse che a fare il green si tolgono posti di lavoro. Un giovane invece mai avrebbe detto questo. Io ho sempre pensato che il green sia un concetto giovane e marcatamente europeo, anche se, sin dall'inizio del programma Clean Space, ci siamo interfacciati con gli americani, i cinesi e i russi. Ai primi, della sostenibilità ambientale delle attività spaziali, non interessava nulla o quasi; ai cinesi un po' di più, ma per ragioni di strategia politica non potevamo lavorare insieme. La nuova generazione di scienziati russi era invece interessata, ma i veri decisori, quasi tutti uomini anzianotti, non la ritenevano una priorità.»

Elvina chiosò: *La domanda grande che mi faccio è se si possa parlare di green quando si ha a che fare con lo spazio, dove c'è un razzo che manda in orbita degli oggetti pesanti bruciando tanto combustibile, o dove si usa tanta energia per le comunicazioni radio tra distanze enormi...*
«Puoi parlare di green in agricoltura, nelle automobili, in edilizia, e quindi puoi parlare di green anche per lo spazio. Chiariamo: in assoluto noi non possiamo vivere green. Per esempio, solo per il fatto che noi ci stiamo parlando in questo momento attraverso uno smartphone collegato a internet, stiamo usando dell'energia, stiamo consumando le risorse della Terra. Quindi, se volessimo essere green, dovremmo fare

gli eremiti, andando al massimo in giro a piedi a raccogliere qualche bacca spontanea e inviarci messaggi con i piccioni viaggiatori. Il concetto di green applicato allo spazio significa cercare di comprendere gli impatti ambientali delle missioni spaziali, sia sulla Terra sia nello spazio stesso, e trovare soluzioni per limitarli. Infatti noi in ESA, più che "green" usiamo la parola "clean". Purtroppo, come abbiamo inquinato la Terra, abbiamo anche già inquinato lo spazio, abbandonando oggetti in orbita, che sono diventati detriti spaziali. Oggetti più o meno grandi generati dall'uomo, satelliti artificiali o parti di essi, che viaggiano come proiettili a velocità altissime, senza possibilità di guidarli. E lì è proprio colpa nostra: noi abbiamo inquinato la nostra stessa risorsa e ora dobbiamo risolvere in qualche modo questo problema.»

Quando è nata questa consapevolezza? In fondo, l'esplorazione spaziale è cosa recente, c'è da cinquant'anni o su per giù.
«Dunque, dai tempi in cui Kessler, scienziato della NASA... Non ricordo esattamente quando, ma voglio essere precisa. Aspetta un attimo, che chiamo Benedetta.»

Luisa aggiunse alla call Benedetta Cattani, una ragazza che aveva lavorato con lei al programma Clean Space e che da pochissimo aveva avviato una sua impresa, proprio nell'ambito della "pulizia spaziale". I suoi profondi occhi castani trasmettevano entusiasmo e vitalità, seppur mediati dallo schermo.

«La sindrome di Kessler è del 1978, quindi circa dieci anni dopo lo sbarco del primo uomo sulla Luna» ricordò la giovane ingegnere spaziale. «È uno scenario in cui si prevede che la spazzatura spaziale, ovvero i troppi detriti lasciati dall'uomo in orbita, possa innescare una catena di collisioni, creando ancora più detriti e dunque ostacolando qualsiasi attività, rendendo di fatto impossibile l'esplorazione e l'utilizzo dello spazio per le generazioni future.

«Inizialmente avevamo una nozione dello spazio come di qualcosa di infinito» riprese Luisa, «un po' come l'oceano: anche questo ci sembra infinito, e se ci butto una piccola bottiglietta di plastica, ma dove sarà mai il problema? Oggi con le famose isole-discarica di plastica galleggianti in mezzo ai mari e le microplastiche che vengono inghiottite dai pesci e tutto il resto, sappiamo quali conseguenze ha avuto questo nostro modo di comportarci. Lo spazio è infinito ma alcune orbite non lo sono. Noi, benché lo scienziato ci avesse avvisato, abbiamo abbandonato satelliti in orbita quando questi non ci servivano più, anziché programmarli per de-orbitarli così da farli bruciare con il rientro in atmosfera terrestre. Però, esattamente come per il *climate change*, quello che dicono gli scienziati sostanzialmente non interessa a nessuno. Prima che arrivi ai politici e poi alle comunità ci vuole tantissimo tempo. Così è successo anche per lo spazio: il nostro programma è partito solo nel 2012. Bisogna progettare i satelliti sin dall'inizio pensando a come smaltirli a fine vita, lasciando una riserva di propellente e dei sensori che controllino quanto ne resta perché possano fare la manovra finale "suicida" con la quale lasciano la loro orbita e cadono verso la Terra, disintegrandosi completamente per l'attrito con l'atmosfera. Questi sono solo alcuni degli esempi. Poi abbiamo iniziato a preparare una missione per catturare e distruggere un debris e una missione per allungare la vita operativa di un satellite per evitare di doverne lanciare un altro.»

E tu, Benedetta, come sei arrivata a lavorare al programma?, chiese Elvina.

«Io, come tantissimi miei amici, sin dall'inizio della laurea magistrale mi sono interessata a questi problemi. Il dipartimento Clean Space di ESA è stato il primo posto dove ho cercato uno stage, perché lavorare sulla sostenibilità spaziale è all'incrocio tra quella che è la mia passione per lo spazio e un problema che sento molto urgente. Mi sono trovata benissimo, ho imparato tantissime cose. Luisa è stata la mia manager. Anzi, direi che non è solo una manager, lei è una mentore. Ci ha sempre incoraggiati a fare, a buttarci a capofitto nelle cose, ma allo stesso tempo si è presa cura di noi, cioè non solo ci ha salvati dagli sbagli, ma ha fatto sì che le persone del team crescessero al di là del loro lavoro o delle funzioni che dovevano svolgere.»

«Poi, però, tu, Benedetta, ci hai abbandonati prima della fine del tuo contratto, nonostante la selezione per entrare in ESA fosse stata molto tosta e ci fosse la fila per entrare...» rispose Luisa un po' piccata, ma con un sorriso bonario.

«Be' sì, ho deciso di lasciare il programma di ricerca in ESA e di aprire una mia start-up» rispose Benedetta con entusiasmo. «Per un anno, insieme a persone con cui mi sento molto allineata a livello morale, abbiamo lavorato a un'idea imprenditoriale nei weekend e nel tempo libero, finché non abbiamo deciso di farne il nostro lavoro a tempo pieno.»

Complimenti, sei una giovanissima imprenditrice spaziale! Di che cosa si occupa la vostra start-up? chiese Elvina.
«Ho ventisei anni. Con altre due ragazze, mie coetanee, abbiamo fondato a Torino una start-up che si occupa di un piccolo aspetto della sostenibilità spaziale: sviluppia-

mo un software che aiuterà gli operatori satellitari a evitare collisioni. Quindi, evitando incidenti, cerchiamo di generare meno detriti nello spazio.»

«Ecco» replicò Luisa, «il software è una parte che io trovo molto noiosa. Io sono una a cui piace di più avere a che fare con qualcosa che si vede, che si tocca...»

Elvina rise.

Benedetta ribatté: «Noi abbiamo inizialmente provato a fare altro. Per esempio, la nostra prima idea di start-up era relativa al quantificare e minimizzare l'impatto delle missioni spaziali sulla Terra. Poi, però, abbiamo puntato su un prodotto software, perché può avere un mercato. Sai, con una start-up non bastano le buone intenzioni, bisogna vendere un prodotto. In questo momento gli operatori satellitari, cioè le aziende che usano i satelliti per le telecomunicazioni eccetera, hanno un problema e sono disposti a pagare per evitare le collisioni che metterebbero in pericolo i loro satelliti che sono costati un sacco di soldi. Invece tutte le altre attività di Clean Space sono più a lungo termine, non c'è un mercato immediato».

Tra un po' nello spazio ci sarà un bel traffico, visto che siamo sulla soglia di una nuova era dove i lanci di nuovi satelli-

ti, soprattutto di privati, porteranno alla creazione di intere costellazioni di migliaia di oggetti fatti dall'uomo in orbita. Come ci si prepara a questo nuovo scenario? chiese Elvina a Benedetta.

«Questo è un bel problema, soprattutto nelle orbite dei satelliti per le telecomunicazioni e per il geo-posizionamento (quello del navigatore dell'auto, per intenderci). Sono già molto affollate, servono soluzioni a lungo termine. Non basta avere qualcuno che di tanto in tanto corregga l'orbita del satellite, arrivano migliaia di allerte di possibili collisioni, da qui la necessità di automatizzare il flusso e fornire un supporto alla presa di decisioni, ovvero alla decisione se effettuare o no la manovra per evitare la collisione e che tipo di manovra. Noi partiamo dai database che mappano la presenza di detriti e li incrociamo con i dati della posizione e della velocità dei satelliti dei nostri clienti, per poter dire loro quanto sia alta o bassa la probabilità di collisione e come evitarla con una manovra del satellite. L'intelligenza artificiale giocherà un ruolo importante nel nostro business plan.»

«Ecco, ma io mi domando e dico: dobbiamo per forza trovare il business plan dello spazio? Io non sono d'accordo!» incalzò Luisa, suscitando ancora una sonora risata da parte di Elvina. «Lo spazio serve anche e soprattutto da ispirazione. Abbiamo fatto la stazione spaziale internazionale, un laboratorio scientifico galleggiante nello spazio, dove ci abbiamo mandato insieme i russi e gli americani quando questi non si parlavano. Una grande impresa dell'umanità, sia tecnica sia politico-sociale. È proprio necessario pensare a fare affari?»

«Mi trovo in disaccordo» incalzò Benedetta con un sorriso, rendendo la conversazione particolarmente accesa. Spiegò che per lei la possibilità di fare impresa privata in un ambito come quello spaziale che fino a poco prima era stato solo appannaggio di governi e agenzie sovranazionali poteva aprire a delle nicchie di ricerca inesplorate che andavano al di là, per esempio, degli interessi politici di uno o di pochi Paesi, offrendo di fatto libertà e democratizzazione del sapere tecnologico e scientifico. Oltre a generare lavoro e benessere.

«Alla competizione e all'apertura commerciale del nostro settore è corrisposta anche tantissima innovazione, che avanza molto più velocemente di quanto non si facesse prima.»

«Dissento!» esclamò Luisa. «Per me la ricerca si deve fare indipendentemente dal ritorno economico; spesso le invenzioni più geniali sono arrivate per caso, quando si cercava qualcos'altro. Però vedi, Elvina, una cosa bella di lavorare in team allargati, con diversità di età, genere e nazionalità, è che c'è sempre l'opportunità di crescere e di imparare cose nuove, anche se non sei d'accordo! Una forza del nostro gruppo di lavoro, se vuoi, è stato il fatto che abbiamo sempre discusso molto tra di noi, e il messaggio, le priorità, la roadmap, sono stati adattati tenendo conto di molteplici input e delle istanze di tutti. A volte abbiamo avuto discussioni molto calde, ma la gerarchia non è mai stata così rigida da impedire a qualcuno del team di esprimere i propri pensieri. Quando uno dei colleghi inglesi, per i quali tutto è business, segnalava gravi carenze al progetto da questo punto di vista, ho gridato: "Qualcuno s'inventi subito una slide per il business plan!". Questa dinamica partecipativa è sempre stata molto importante per noi.»

★

Elvina fu molto divertita da questa conversazione, specialmente per il fatto che la mentore e l'alunna – che si era inventata un lavoro che prima non esisteva grazie al coraggio e alla fiducia infusa dalla prima – riuscissero a non essere d'accordo su alcune cose, ma al contempo a individuare insieme ottimi spunti di riflessione.

Questo meccanismo di mentore e alunna ricordava a Elvina, per certi versi, il rapporto che aveva con sua mamma. Si sentiva molto fortunata nell'aver trovato in lei una "maestra", ma un confronto alla pari era impegnativo, se non addirittura impossibile, forse anche per la distanza generazionale. Amalia non era una che retrocedeva dalle sue posizioni e per lei Elvina, anche se ormai era una donna adulta, era pur sempre la sua bambina più piccola.

Per dirsi quanto si volevano bene, avevano un modo speciale, che non era fatto di parole, gesti, o abbracci, ma era basato sul "fare".

Nella famiglia erano infatti tutti (o quasi) ingegneri – dai nonni, ai genitori, ai fratelli fino ai cugini – e per di più si trattava di ingegneri che non perdevano occasione per sfoderare una formula matematica, un'analisi o una dissertazione tecnica. Questo, forse, aveva contribuito a creare un particolare lessico familiare. Per esempio, c'era una regola nella famiglia di Amalia e Berto: quando ci si incontrava, non ci si chiedeva quasi mai: "Come stai?", come se le emozioni o gli stati d'animo non contassero, ma piuttosto: "Che cosa fai?".

Ecco, per loro l'importante era il "fare", solo questo contava davvero. E il fare implica una ricerca, un applicarsi, una scoperta. E alimenta costantemente la curiosità.

"Fare insieme" per Amalia, Berto, Elvina e i suoi fratelli si concretizzava, per esempio, nell'aggiustare la caldaia – con le proprie mani, ovviamente –, nel cambiare le gomme della Rossa, o nell'aiutare a preparare una presentazione PowerPoint per una conferenza in inglese di Amalia.

«Ma non potete semplicemente parlarvi, come fanno tutte le

famiglie normali?» chiedeva spesso Tommaso, il marito di Elvina, faticando a comprendere quel loro lessico familiare, fatto più di azioni che di parole.

Comunque, anche sul fronte delle parole, Elvina era riuscita in un'impresa straordinaria: aveva convinto sua madre a scrivere insieme a lei due libri per ragazzi – faticosamente, perché tenerla ferma era appunto un'impresa – dove raccontavano che nessuna opportunità era inafferrabile, bastava non smettere mai di allenare la propria curiosità e credere in se stessi.

Durante le presentazioni dei libri, Amalia ed Elvina, come compagne di viaggio, si erano spostate da Bolzano a Cosenza, da Cuneo a Vicenza, e avevano scoperto di poter praticare insieme il loro passatempo preferito: il racconto del "fare" e, insieme, si erano poste nuove domande per allenare la loro inestinguibile curiosità.

Tra le tante domande, ce n'era una in particolare che assillava Elvina: la nuova corsa allo spazio, aperta a chiunque avrà i mezzi per parteciparvi – anche per sfruttarne commercialmente le risorse –, diventerà una conquista tipo assalto alla diligenza dei film western?

Ci sono delle regole?

Ma di chi è lo spazio?

CRONACHE SPAZIALI

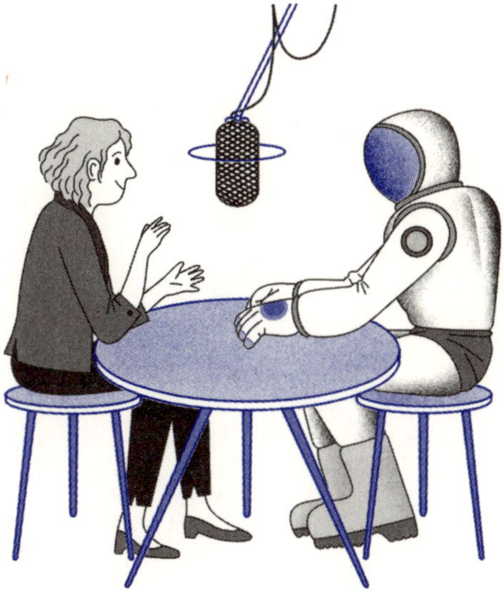

DIALOGO CON

MARTA MELI

«Mamma, sono un po' emozionata» confessò Elvina dalla quinta del palcoscenico. Il pensiero di trovarsi di fronte a un folto pubblico già radunato nell'auditorium del Museo della Scienza e della Tecnologia, pronto ad ascoltare la presentazione del loro libro e a intavolare un dibattito sulla questione ragazze e STEM la intimidiva un po'. Sua madre si sarebbe rubata tutta la scena e l'avrebbe lasciata lì a fare la figura dello stoccafisso, pensò.

Amalia sembrò intercettare i suoi timori, e inaspettatamente la rassicurò: «Vedrai che andrà benissimo. Ti sei preparata, abbiamo le diapositive sulle giovani scienziate e il racconto del tuo vissuto sarà comunque nuovo per chi ti ascolterà. Non lasciarti distrarre e porta avanti le tue idee, come ho sempre fatto io per tutta la vita. E poi c'è la Marta Meli come moderatrice, giornalista bravissima che sa come mettere a proprio agio i suoi intervistati».

Il Museo della Scienza e della Tecnologia di Milano era per Amalia ed Elvina un luogo affascinante e pieno d'ispirazione.

La sala al primo piano, dedicata allo spazio, esponeva cimeli interessantissimi, modelli di satelliti che avevano fatto la storia, tute spaziali e anche un piccolo frammento di roccia lunare.

«Ah, a proposito» disse Amalia, con uno slancio inaspettato. «Dopo il dibattito potresti fare tu un'intervista a Marta, in un cortocircuito che inverte le parti. Sono certa che saprà aiutarti per raccogliere informazioni per il *tuo* progetto. Marta ha competenza, curiosità e rigore, ingredienti indispensabili per fare una comunicazione scientifica di successo.»

«Okay. Ma ricordati che è il *nostro* progetto. Ecco, ci sta chiamando sul palco.»

«Come dicono qui a Milano: *andèmm!*» incitò Amalia.

La presentazione fu un successo.

Al termine, mentre Amalia fuggiva via per un non meglio precisato impegno, Marta ed Elvina si presero un po' di tempo per parlare. Si lasciarono sprofondare nelle poltrone della platea, nel grande auditorium ormai vuoto.

★

Tu, Marta, oggi sei un punto di riferimento per il racconto giornalistico e televisivo delle avventure spaziali italiane e non solo. È un lavoro molto interessante e particolare: ha a che fare con qualcosa che volevi fare già da piccola?, chiese Elvina.
«Da piccola ero molto portata per le materie letterarie. Ricordo che in terza elementare vinsi un piccolo concor-

so di scrittura e il premio fu il libro illustrato *Bettina sulla Luna*, la storia di una bambina che porta con sé nello spazio un cane, una gallina e altri amici animali. Era per me un libro meraviglioso, che ho letto e riletto. Lo conservo tuttora e forse ha segnato quello che io ho fatto in seguito più di quanto avrei mai potuto immaginare.»

Come sei arrivata "nello spazio"?
«Nel 2010, proposi al direttore del telegiornale di seguire l'astronauta Paolo Nespoli durante la missione MagISStra. Avevo sempre trovato lo spazio molto affascinante, ma prima di allora non me ne ero mai occupata nel mio lavoro di giornalista televisiva.

«Sapevo però che il mio direttore non solo riponeva grande fiducia in me, ma che soprattutto amava le nuove sfide. Già aveva apprezzato il servizio un po' fuori dagli schemi che gli avevo proposto, ovvero il racconto dell'eccezionale asta di ossa di dinosauro che si era tenuta a Parigi. Sai, io sono originaria di Gubbio, in Umbria, dove hanno rinvenuto nel terreno tracce di iridio, un materiale rarissimo sulla crosta terrestre, ma molto abbondante nei meteoriti e negli asteroidi. Questa scoperta permise di formulare la teoria secondo cui un asteroide piovuto dallo spazio avrebbe causato sulla Terra cambiamenti climatici che portarono all'estinzione dei dinosauri. Insomma, non so perché ma mi sentivo particolarmente coinvolta sulla questione dei dinosauri. Ma sentivo che anche altre "voci" mi chiamavano dallo spazio.»

Come sei riuscita a convincere il direttore della tua idea un po' folle?
«Osai. Andai da lui e gli dissi: "Lo spazio fa sognare e... raccoglie audience dai tre ai novantanove anni!". Così lo convinsi. Ma non mi mandò subito come inviata in Kazakistan da dove sarebbe partito il razzo con a bordo il nostro astronauta, bensì mi spedì nel paesino della Brianza dove viveva la famiglia di Nespoli, per raccontare la sua storia un po' da dietro le quinte. Atterrai lì, quasi come Bettina, come una gallina proiettata dallo spazio. In collegamento in diretta TV ebbi anche l'occasione di raccogliere un commento della prima astronauta italiana, allora freschissima di nomina: Samantha Cristoforetti.»

Immagino debba essere stato emozionante intervistare una donna che aveva raggiunto un tale traguardo. Di che cosa parlaste?
«Poiché in quel periodo in Parlamento si era aperto un dibattito sulle quote rosa, ovvero sulla scarsa presenza delle donne in posizioni dirigenziali nella politica e nella società, e sulle possibili misure per correggerla, a margine dell'intervista sulla missione chiesi a Samantha: "Ma anche nello spazio esistono le quote rosa?". Lei mi rispo-

se in maniera molto stringata, e notai sul suo volto una certa contrarietà. Seppi solo in seguito che per Samantha indicare la differenza di genere come l'elemento che permette di accedere a certe posizioni, anziché la preparazione e il merito, era quanto di più contrario ci fosse al suo modo di vedere il mondo. Ma lì per lì mi sembrò normale farle quella domanda, riallacciandomi al dibattito giornalistico in corso in quei giorni. Evidentemente sbagliai con lei, ma in seguito ebbi modo di recuperare...»

Quindi come valuteresti la tua prima esperienza di racconto di una missione spaziale?
«Eh, diciamo che è stato un frullatore di forti emozioni: avevo da un lato l'adrenalina per le interviste in collegamento e la partenza del razzo, dall'altro il timore reverenziale per Tito Stagno, un grandissimo maestro, che era in studio insieme al direttore.»

Certo, Tito Stagno è stato il giornalista che ha commentato nel 1969 per la televisione italiana lo sbarco dell'uomo sulla Luna.
«Esatto, ed era preparatissimo anche sulla missione MagISStra, quella che avrebbe portato Paolo Nespoli in orbita per ben sei mesi a condurre esperimenti scientifici dalla Stazione spaziale internazionale. Tito conosceva i tempi, le fasi della missione, aveva studiato tutto, compreso credo i manuali d'uso della navicella russa Sojuz

su cui viaggiava Nespoli. Spiegò ogni dettaglio in diretta, senza indugi, durante gli otto minuti del lancio in orbita della Sojuz, che, televisivamente parlando, sono un tempo lunghissimo. Ho dunque avuto l'onore di debuttare nella telecronaca spaziale con un mostro sacro del giornalismo. Lui nel 1969 era riuscito a raccontare lo spazio senza vederlo, ascoltando in cuffia i segnali e le comunicazioni dall'America, traducendoli in immagini per milioni di telespettatori incollati allo schermo. Oltretutto, finita la diretta, dovevo correre a casa per arrivare in tempo alla recita di Natale di mia figlia: ricordo quel viaggio come qualcosa di infinito; lungo la strada iniziò a nevicare e a un certo punto mi telefonarono per informarmi che il collegamento dallo spazio con Nespoli si era interrotto, e nessuno sapeva cosa stesse succedendo in orbita. Per fortuna alla fine tutto andò per il meglio, compresa la recita, anche se mia figlia, non vedendomi arrivare, all'inizio si era messa a piangere!»

Da allora hai seguito regolarmente le missioni spaziali italiane. Come è stato raccontare queste imprese?
«È stato interessantissimo innanzitutto perché allora, e parlo di circa quindici anni fa, entravamo in un decennio d'oro per le nostre missioni nello spazio. C'erano all'attivo ben quattro astronauti italiani, Paolo Nespoli, Roberto Vittori e poi gli allora novizi Luca Parmitano e

Samantha Cristoforetti, da poco selezionati. Tra lanci di missioni umane e lanci di satelliti per l'osservazione della Terra ho avuto occasione di fare tantissime trasferte che mi hanno portata a scoprire luoghi incredibili, dove uno peraltro non può andare da semplice turista. Un posto che mi ha lasciato davvero il segno, del quale ho più nostalgia, è la base spaziale in Kazakistan.»

Allora poi il direttore ti ci ha mandata!
«Sì, tre volte, l'ultima per seguire il lancio del nostro astronauta Luca Parmitano verso la Stazione spaziale internazionale. Già il viaggio per arrivare a Baikonur – la più vecchia base di lancio del mondo ancora utilizzata – fu un'avventura: arrivati a Mosca, ci misero su un piccolo aereo ex sovietico un po' malandato, dove, sì, ci servirono un pranzo raffinato con posate di metallo e tovaglioli di raso, però poi iniziò a formarsi condensa d'acqua in cabina al punto che a me e al mio cameraman piovve letteralmente in testa. Quando arrivammo eravamo fradici… ma felici di essere atterrati sani e salvi. In mezzo alla steppa.

«Essendo una zona militare, non potevamo muoverci in autonomia, e neanche uscire dall'hotel, che era proprio a ridosso delle rampe di lancio. La sera successiva ci accompagnarono ad assistere al lancio da delle gradinate un po' spartane, insieme ai familiari degli astronauti. Attorno a noi il nulla. Quando calò la notte, lo spettacolo del manto di stelle sopra di noi fu indescrivibile. Sembrava di poterle sfiorare con un dito. In quella notte limpidissima, balenò sopra le nostre teste la Stazione spaziale internazionale. Ci sembrò così che il razzo di cui stavamo per vedere il lancio fosse pronto per inseguirla... I russi non fanno il countdown, quindi all'improvviso il razzo venne acceso, qualche cavallo che pascolava libero nella steppa nitrì in lontananza, e la notte s'illuminò di fuoco. E io ebbi la sensazione di partire con gli astronauti. Fu magico. Come sapevano di magia quei curiosi rituali, assolutamente stridenti con le alte tecnologie di quel mondo, che tutti gli astronauti rispettano per scaramanzia prima del lancio e che eseguimmo anche noi giornalisti, perché sentivamo che, se non avessimo partecipato, qualcosa sarebbe potuto andare storto.»

Cioè? Di cosa si tratta?
«La sera prima del lancio tutti vedono insieme un film russo, lo stesso da sempre, una storia assurda ambientata nel deserto. Volevo saperne di più, allora chiesi a Vittori. "Guarda" mi disse, "io questo film non l'ho ancora capito, però ti pare che non lo guardo? Tutti lo guardano prima di partire, e ha portato sempre bene." Poi, quando escono dai loro alloggi, gli astronauti sono accompagnati da una musica russa, sempre la stessa, e tutti, prima di

imbarcarsi, si fermano a fare pipì nel punto specifico in cui nel 1961 si fermò a farla Juri Gagarin, il primo uomo che volò nello spazio.»

E questi rituali li hai visti compiere anche prima dei lanci europei e americani?
«No, è diverso. Però le emozioni sono tante anche per il lancio in orbita di satelliti da Kourou, lo spazioporto europeo. Siamo nella Guyana Francese, che amministrativamente è Europa, ma geograficamente è America del Sud. Siamo nei pressi dell'Equatore (dove la velocità di rotazione della Terra è più alta e viene sfruttata come una fionda per lanciare i razzi nello spazio) e la natura è preponderante. La giungla è talmente fitta e compatta che si ha quasi la paura di venire risucchiati. Tra colibrì, giaguari e altre specie animali, lì sei un ospite. Ma quello che colpisce di più sono le storie degli uomini e delle donne che lì vivono e lavorano duramente per mettere a punto i razzi e i satelliti da lanciare in orbita. Sono pezzi di metallo, ma alla fine sono pezzi di vita: anni di lavoro, di tempo sottratto alle famiglie, di errori e ripartenze, di tenacia e fatica. Gli ingegneri e i tecnici italiani ed europei che con il lancio nello spazio vedono finalmente trasformare in realtà il loro sogno provano una gioia incontenibile e io sono stata felice di poter testimoniare e raccontare anche questi aspetti delle missioni spaziali. Ho sempre cercato

infatti di raccontare nelle mie cronache l'aspetto umano, cioè di andare al di là di quelli che erano i dati tecnici della missione. Gli astronauti e le loro vite sono la punta dell'iceberg, ma c'è tutto un mondo dietro. Ecco, raccontarlo è per me davvero appassionante.»

Come dicevi prima, sono racconti di sogni che diventano realtà.
«Esatto, e questo è bellissimo. Anche se è un percorso difficile. Samantha Cristoforetti, che ho avuto modo di intervistare in molte occasioni, e che in questo modo mi ha dimostrato grande generosità, mi disse che le ragazze in particolare devono scegliere con coraggio la strada più difficile e non quella più facile, perché solo la prima le avrebbe portate a realizzare i propri sogni. Oppure Luca Parmitano, che mi disse che indipendentemente da quello che uno vuole fare nella vita, ci si deve impegnare perché i propri sogni diventino i propri progetti. Questo è vero anche per noi giornalisti che seguiamo gli astronauti, perché loro vanno lontano, ma anche noi per un po' viaggiamo in orbita con loro. Con questo lavoro, poi, ci manteniamo giovani, perché noi stiamo sempre raccontando il futuro!»

Ecco, a proposito, qual è il futuro che hai intravisto lavorando in questo ambito?
«L'ho visto bene a Cape Canaveral, in America, per il

lancio della missione privata con il nostro astronauta Walter Villadei tra i membri dell'equipaggio. In realtà avevo quasi perso la speranza di poter visitare quel sito di lancio, mi ero accontentata di comprare a un mercatino delle pulci un portachiavi vintage con sopra scritto I LOVE CAPE CANAVERAL. E invece finalmente ci sono andata. Dal prato del Kennedy Space Center, con alle spalle un enorme display per il countdown, ho visto arrivare gli astronauti sulla vecchia pista NASA dello Shuttle per un passaggio di consegne dalla società privata titolare della missione alla società privata di Elon Musk, che ne ha organizzato il trasporto in orbita con il razzo Falcon 9. La crew era passata da una società spaziale privata all'altra: questo non succedeva fino a pochi anni fa, dove erano solo le agenzie dei governi a mandare in orbita gli astronauti.

«Parte il conto alla rovescia, e io racconto in diretta TV il lancio del razzo che sale in cielo e scompare dalla vista. Poco dopo vivo una specie di rewind: il primo stadio che contiene il carburante torna verso terra scendendo in verticale. Scompare dietro la vegetazione e poi all'improvviso sentiamo un enorme boato. In realtà, ci avevano avvisati di questo *sonic boom*, perché normalmente il primo stadio atterra in mare, mentre in questo caso è atterrato su una piazzola predisposta in mezzo alle paludi (e, a quanto pare, in mezzo agli alligatori).»

Il fatto che il primo stadio torni a terra per essere riutilizzato è rivoluzionario.

«Sì, lo è, e poiché, grazie a un privato, sta diventando una pratica comune negli Stati Uniti, dà la misura di quanto questo Paese sia avanti nella sperimentazione. Funziona così: un razzo a più stadi consiste di due o più razzi indipendenti sistemati l'uno sull'altro o l'uno accanto all'altro. Ogni stadio ha il suo motore e il suo propellente. Il primo stadio (il più basso) dà la spinta maggiore e a un certo punto si sgancia, tornando a Terra per essere riutilizzato, mentre il resto del razzo prosegue la sua corsa. Prima di questa rivoluzione, i primi stadi precipitavano in mare, si disintegravano a Terra (in zone scarsamente popolate) o in atmosfera, ma in quest'ultimo caso se qualcosa andava storto – per esempio andava fuori orbita – diventava un detrito spaziale.»

Torniamo al boato.

«In dieci minuti ho visto un condensato incredibile di futuro: le compagnie spaziali private, l'avvio del progetto precursore per realizzare stazioni spaziali commerciali, che sostituiranno quella internazionale che verrà smantellata – sì, la Stazione spaziale internazionale verrà smantellata. Al suo posto verranno lanciate stazioni spaziali di privati, che "liberalizzeranno" l'accesso allo spazio per fare esperimenti; ovviamente sarà un approccio commerciale – con astronauti addestrati per missioni più corte, più mirate, che porteranno in orbita tecnologie di aziende private, per testarne gli utilizzi futuri sulla Terra. E poi soprattutto il primo stadio del razzo che torna sulla Terra e viene riutilizzato per il volo successivo. Elon Musk riesce a fare così una media di tre lanci nello spazio alla settimana e certamente aumenteranno. È incredibile.»

Qui siamo certamente di fronte a una nuova età dell'oro per lo spazio. Ma pensi che sarà un qualcosa di democratico, ovvero accessibile a tutti?
«Per quanto riguarda il turismo spaziale, di cui già si parla, quello sarà appannaggio di pochi, visti i costi; è chiaro. Però la possibilità di testare tecnologie avanzate dalle stazioni spaziali private amplierà l'offerta di servizi e quindi avrà un impatto per tutti. Se ci pensi, noi siamo già una società spaziale: cosa succederebbe se si spegnessero i satelliti delle telecomunicazioni? Le nostre vite sono sempre "connesse". E in futuro lo saranno anche di più. Infine, in termini di opportunità e di democrazia mi viene in mente un Paese come l'India, che ha una popolazione di giovani, educati alle tecnologie con ottime scuole, che hanno "fame" di crescita. Ho intervistato i ragazzi di un'azienda indiana che sta sviluppando dei droni per sorvolare la superficie del-

la Luna, al fine di trovare i posti migliori dove insediare i futuri habitat. Lavorano su tavoli di legno in una specie di cortile, si direbbero ora degli artigiani spaziali più che gli ingegneri di una start-up high tech. Però il loro potenziale è enorme, con mille idee e mille progettualità. Il futuro è loro.»

★

Quella sera Elvina, riferendo ad Amalia della bella chiacchierata con Marta, le chiese: «Tu, mamma, hai mai avuto come gli astronauti dei riti scaramantici prima dell'avvio di missioni importanti?».

«Sì, io sempre. Perché io credo nei numeri, sai? Ne ho certi che mi portano bene. In particolare il 3 e il 7. E se non sono esattamente loro che mi si parano davanti in certi momenti speciali (come quando la sonda di Rosetta stava per atterrare sulla cometa e su uno schermo della cabina di controllo all'ESA è apparso il numero 7), allora io faccio un "imbroglio". Nel caso in cui io veda un altro numero, metti a due cifre, se la somma dei numeri che lo compongono dà 3 mi va bene, ma anche se la somma mi dà 6 (per esempio 123, 1+2+3) mi va bene, perché 6 è 3 per 2. Se mi dà 8, mi va bene ugualmente perché è 2 alla terza. E così via...»

«Ma il numero che osservi è quello della data?»

«Non solo, tutti i numeri che si fanno avanti: addirittura quando mi accingo a lavorare e, per esempio, vedo sul tavolo un libro aperto alla pagina 124 (1+2+4=7), allora penso che la cosa avrà fortuna.»

«Be', in effetti il 7 è un numero magico... I 7 giorni della creazione raccontati nella Genesi, i 7 peccati capitali.... Il 7 è il numero della perfezione e della natura divina.»

«Vero. A pensarci meglio, i numeri sono sempre con me. Io li vedo e li conto costantemente, anche adesso che sto cucinando il minestrone per il papà, perché contare mi aiuta a scandire il tempo. E quindi so che il tempo va avanti, ma in un modo di cui io sono cosciente. Ecco perché mi piace.»

NELLA STANZA DEI BOTTONI

DIALOGO CON

CHIARA BERNARDINI

«Cosa ne pensi di quello che diceva l'altra sera il papà?» domandò Elvina ad Amalia, al telefono.

«A quale dei suoi numerosi discorsi ti riferisci?»

«Quando parlava di Elon Musk...»

«Ah, personalmente non lo conosco, però ritengo che sia una persona di grandissime capacità. È un imprenditore geniale. Nel suo "egoismo" da imprenditore, è un altruista. Ovviamente fa cose che portano un vantaggio a lui e alle sue aziende, ma lo fa lavorando in una modalità assolutamente innovativa e visionaria. Con in tasca il sogno di andare nello spazio e i tanti denari accumulati dalle sue attività nel settore dei pagamenti elettronici, ha capito che poteva utilizzare le competenze, i metodi, le scoperte dell'industria spaziale americana e valorizzarli in maniera nuova, abbassando i costi per rendere più accessibile lo spazio. Prima era un affare per pochi eletti, che tra l'altro si muovevano lenti come elefanti, data la complessità delle strutture organizzative delle agenzie spaziali.»

«È vero, fa dei lanciatori per lo spazio incredibili, soprattutto perché riutilizzabili, visto che i primi stadi tornano giù come nei film di fantascienza.»

«E soprattutto pensa in grande: lui sta già lavorando ai lanciatori per arrivare sulla Luna e su Marte. Tant'è vero che verrà coinvolto nel programma Artemis, quello che prevede un ritorno sulla Luna, quando si porteranno in orbita i moduli che serviranno a costruire la stazione intorno alla Luna e gli habitat sulla superficie lunare. C'è un bisogno impensabile di lanciatori, perché lo spazio potrebbe darci molto di più, se avessimo i mezzi opportuni per arrivarci. Questi, infatti, sono oggi il collo di bottiglia: da come va il lanciatore dipende in buona parte il successo di una missione. Purtroppo, però, in Europa ci manca una capacità di lancio sul modello di quello che sta facendo Elon Mask in America, che mi sembra davvero promettente.»

«Domani parlerò via Zoom con Chiara Bernardini, una ragazza italiana che vive e lavora in Texas. Probabilmente in questo momento è nella stanza dei bottoni del centro di controllo dei lanciatori, pronta ad accendere i motori di un razzo spaziale. E magari Elon Musk è proprio accanto a lei...»

«Molto interessante, fammi sapere cosa ti racconta. Un bacio alle bambine. Buonanotte.»

★

Tu, Chiara, hai oggi la fortuna di lavorare nella sala di controllo dei lanciatori spaziali di Elon Musk. Ma partiamo dall'inizio: quando si è accesa la scintilla che ha poi determinato il tuo futuro? chiese Elvina.

«In casa non c'era familiarità con la scienza, quella che immagino possa avere avuto tu da bambina» rispose a Elvina con uno di quei sorrisi malandrini che ti conquistano all'istante.

«Sono cresciuta in un paesino alla periferia di Arezzo, in famiglia nessun laureato. Il mio babbo, ferroviere, era il mio mito. Sognavo di costruire con lui una ferrovia. Ai voli spaziali non ci pensavo proprio, anzi, mi sembravano una cosa impossibile: figurati che già andare a Firenze mi pareva un viaggio...» E scoppiò a ridere, sistemandosi un ciuffo di capelli che le era caduto sulla fronte, rivelando i suoi occhi luminosi.

«Poi all'università mi sono appassionata alla dinamica dei fluidi, ma ancora avevo le idee poco chiare su cosa volessi fare da grande. Un giorno, però, un amico mi disse di provare con una borsa di studio all'estero. Gli unici che risposero furono quelli dell'Ohio State University, forse un segno del destino. Così iniziai un percorso nella ricerca sperimentale che mai avrei immaginato. E mi innamorai dell'America. Lì, in quei laboratori, mi sentii fiorire.»

Come mai? chiese Elvina. *Il mondo universitario italiano ti stava stretto?*
«Non so, forse non credevo molto in me stessa. O erano quelli attorno a me a farmelo credere (parenti e amici esclusi, ovviamente): la loro buona intenzione era di protezione nei miei riguardi, ma io mi sentivo con le ali tarpate. Invece negli USA il mio capo mi diede da subito grande fiducia, pur lanciandomi in continuazione nuove e importanti sfide. Un giorno mi disse: "Perché non costruisci da zero una nuova galleria del vento?". Io? Non ne sapevo nulla, se non che è un laboratorio con enormi ventilatori dove si collocano oggetti, o i loro modelli in scala (che solitamente sono componenti di auto o di aerei), si fa fluire l'aria a determinate velocità e si rileva il loro comportamento in queste condizioni. Ne parlai allora con i miei vecchi colleghi in Italia, che per non smentirsi mi dissero: "Non ce la farai". Io invece riuscii a essere leale con me stessa, andai avanti, senza accontentarmi, accettando tanti sacrifici. E portai a termine il lavoro, che si rivelò eccellente per le nostre prove fluidodinamiche.»

Come sei arrivata all'azienda privata di Elon Musk che sta rivoluzionando i viaggi nello spazio?
«È stata un'avventura del tutto inaspettata. Era il periodo in cui Musk sperimentava i suoi primi lanci nello spa-

zio, oltre l'immaginazione di ognuno... Io guardavo su internet incuriosita e un po' incredula i video dei razzi che portavano gli astronauti in orbita o quelli che facevano rientro posandosi sulla Terra come nei film di fantascienza che guardavo da piccola. Anche questa volta fu un amico a suggerirmi di fare l'*application*. Io? Non ne sapevo nulla di razzi. «Ma sì» mi incoraggiò lui, «cos'hai da perdere? Se non sei adatta lo scoprirai presto...» E così mi recai in Texas per fare un colloquio. Dopo l'*interview*, un po' di nascosto, mi avvicinai alla rete che delimitava l'area di lancio per fare delle foto a quei razzi che solenni svettavano dalle dune sabbiose. Era un'occasione che non si sarebbe più ripetuta, pensai. Invece, cinque minuti dopo squillò il telefono: mi avevano presa, e mi volevano da subito!»

Wow, chissà che emozione! esclamò Elvina.

«Non ci credevo, è stata una gioia immensa. Ho fermato la macchina – perché mi avevano chiamata mentre guidavo – e ho subito telefonato ai miei amici, incredula e felicissima. Davvero non pensavo che avrei mai avuto questa possibilità; ho realizzato che di lì a poco la mia vita si sarebbe scombussolata di nuovo e che avrei ricominciato tutto da capo, ma la felicità era enorme, condita anche da un po' di timore e di pazzia... Sì, be', a volte mi dico che potrei scegliere una vita più tranquilla!»

Com'è lavorare lì? Che tipo di ambiente è?
«Qui sono tutti giovanissimi. Hanno circa venticinque anni. Per una che ne ha una ventina in più spesso è una sfida personale, non sai se tenere di più al tuo orgoglio o a imparare. Ma da imparare c'è davvero tanto, e da tutti. L'organizzazione è molto *flat*, nel senso che non ci sono manager, gerarchie, livelli... Si lavora con obiettivi chiari, a una velocità direi inimmaginabile, anche per gli USA.»

In cosa consiste il tuo lavoro?
«Fare la bambina in un negozio di giocattoli!» ride. «No, scherzo, sono a capo di un piccolo team che ha la responsabilità dei motori dei razzi. Dopo aver testato tutti i sistemi, per esempio dopo aver verificato che nessun tubo perda, facciamo una simulazione del volo. Se è tutto okay, allora si può partire: dalla sala di controllo raccogliamo tutti i dati e li monitoriamo. Poi inizia il countdown: dieci, nove, otto... In quei pochi secondi cruciali si può ancora abortire il lancio se i dati in linea ci dicono che c'è un problema. Se invece tutto fila liscio e non c'è nessun dato anomalo, il computer procede da sé e non dobbiamo intervenire. E si vola!»

I voli spaziali saranno accessibili a tutti in futuro?
«Qui diciamo che i razzi vanno costruiti per essere riusati tante volte, abbassando i costi e rendendo più ac-

cessibili i viaggi nello spazio. L'idea è quella di una produzione in serie, come per le auto, e questo aggiunge ulteriore difficoltà alla tecnica, che già di per sé è parecchio complessa.»

Cosa c'è secondo te di speciale nella visione di Elon Musk?
«Elon ha interesse a esplorare tutto, per capire e anticipare il futuro dell'umanità. Il suo *drive*, la sua determinazione, si vede nella tabella di marcia che impone all'azienda: vuole che l'uomo arrivi su Marte prima che lui vada in pensione (se mai ci andrà!). Tutto qui segue un obiettivo: se c'è qualcosa che blocca, va rimosso, non c'è burocrazia che tenga. Abbiamo fatto anche tanti errori e da tutti questi abbiamo imparato molto. Siamo all'inizio di una nuova era e io mi sento privilegiata di fare parte di quest'avventura. E dire che siamo solo alla punta dell'iceberg della tecnologia e dell'ambizione. Se si dimostra che è possibile, allora altri seguiranno. Nuove start-up, nuove imprese, nuovi lavori nasceranno e cresceranno sulla scia di quello che stiamo facendo qui.»

È per questo che Elon Musk è considerato dai giovanissimi un eroe contemporaneo?
«Quando si è ragazzi serve vedere qualcuno che abbia grandi ideali e che con coraggio dimostri che "è possibile". Non bisogna accontentarsi, ma ascoltarsi e capire

cosa ci rende felici. Insomma, inseguire la grandezza dei propri desideri, restando sempre leali a se stessi.»

★

Elvina, Tommaso e le bimbe quella sera si ritrovarono a casa dei nonni per cenare insieme. Elvina riferì della bella conversazione avuta con Chiara e delle sue avventure spaziali.

«Papà, vedi che la visione di Elon Musk sta già portando a grandi successi?» urlò Elvina per farsi sentire dal padre ottuagenario, che la guardò sornione, scuotendo le spalle. Per suo padre le affermazioni dell'imprenditore spaziale, comunicate tramite i social, erano spesso poco solide da un punto di vista ingegneristico: sembrava che non avesse proprie competenze tecniche (per Berto un crimine assoluto!), ma che dovesse affidarsi a quelle degli ingegneri che lavoravano per lui.

«Lo sapevi che lui è anche laureato in Fisica?» aggiunse Tommaso, ad alta voce, sapendo di andare a provocare bonariamente il suocero.

«Ah ecco» rispose Berto, «non mi stupisce. Mio padre pensava che i fisici teorici fossero degli imbroglioni.» Elvina e Tommaso si guardarono di sottecchi con un sorriso divertito. «Perché mio padre era un fisico matematico. Avete mai letto il suo libro sul calcolo tensoriale?»

«No!» risposero in coro i due, che in effetti poco sapevano di Bruno Finzi, insigne studioso che lavorò con Einstein, Fermi,

Amaldi, Levi-Civita e altri illustri scienziati della prima metà del secolo scorso.

«Siete delle bestie!» E proseguì: «Io me lo ricordo bene quando sotto la guerra lo scriveva, mentre io, che ero solo un ragazzino, lo aiutavo a riordinare tutte le carte. Il calcolo tensoriale è stata una rivoluzione che ha permesso di risolvere i problemi con un approccio nuovo, aggiungendo alle tre dimensioni dello spazio la quarta dimensione del tempo e oltre, prima dell'avvento dei calcolatori...».

Finita la cena, mentre Elvina cercava di infilare i cappotti alle bambine che saltellavano di qua e di là, si avvicinò Amalia. «Andiamo a letto, Berto. Se no domani mattina non ci alziamo. Dobbiamo uscire di casa alle sei per prendere il treno» tagliò corto, cercando di salvare Tommaso da quel dialogo interessante ed erudito ma tendente all'infinito, come i numeri della fisica matematica. Ma Berto non demorse, e continuò a dissertare finché la famigliola non fu uscita di casa.

VERSO LA LUNA

DIALOGO CON

MARIA ANTONIETTA PERINO

Amalia ed Elvina erano in treno di ritorno da Padova. Avevano partecipato a un convegno organizzato dal CICAP, un'associazione che punta a fare chiarezza sulle verità scientifiche e a smascherare le false credenze delle cosiddette pseudoscienze.

«Che qualcuno dica ancora che non è vero che siamo stati sulla Luna, ma che è stata tutta una montatura voluta dai politici americani del tempo, per me, ecco, è una bestialità!» commentò Amalia ad alta voce, attirando l'attenzione di qualche passeggero.

«Ma glielo hai spiegato bene a quel signore che ti ha fatto la domanda: basta puntare un raggio laser verso un punto specifico della Luna, là dove è stato lasciato da un astronauta uno speciale specchio catarifrangente, per vedere il raggio riflesso. Più prova di così...» Elvina cercò di trattenere la madre dalla sua invettiva.

«Figuriamoci...» disse Amalia rivolgendosi alla signora che era seduta di fronte a lei, che la osservava attenta e incuriosita, «per arrivare sulla Luna ci sono voluti anni di studio, fior fior di scienziati e grandi investimenti...»

«Io ci credo che ci siamo andati!» intervenne la signora tutta compiaciuta di essere entrata in questa conversazione. «Anzi, so anche che ci torneremo presto.»

«Brava signora, vedo che è informata! Siamo già partiti, in pratica siamo già là. È la missione Artemis – la dea Diana, per dirla come i latini –, quando metteremo in orbita, attorno alla Luna, una piccola stazione, il Lunar Gateway. Da quella si scenderà e si andrà avanti e indietro sul suolo lunare con un mezzo opportuno. Noi stiamo già costruendo, in Italia, tre moduli per questa stazione, tre grandi "bidoni" come li chiamo io. Ospiterà un piccolo albergo dove staranno gli astronauti, un braccio manipolatore e una specie di magazzino dove terremo i mezzi per scendere sulla Luna, e poi tante altre cose. Insomma, sarà bella. Ma piccolina: infatti per la correzione dell'orbita basterà la propulsione ionica, ovvero, come dicono i tecnici, la spinta "con gli ioni"... che non è una parolaccia!

La signora di fronte rise di gusto.

«Ma sa qual è la cosa bella?» continuò Amalia. «È che alla realizzazione del programma di ritorno sulla Luna partecipa tutto il mondo. Compreso un privato, un certo Elon Musk, che mette a disposizione il suo lanciatore. Oltre a lui, ovviamente, ci sono l'Europa, la NASA, i giapponesi, gli indiani, insomma collaborano tutti i Paesi... perché questa è una missione dell'umanità!»

«Bellissimo!» esclamò la signora.

«E poi c'è un'altra cosa che a me piace moltissimo: l'orbita... Ah, io sono un'esperta di orbite. L'orbita della stazione lunare è a forma di aureola – sembra quella di un angelo. In realtà è un'orbita retrograda, vuol dire che va nel senso opposto a quello delle lancette dell'orologio, cosa che ha dei privilegi, e passa da un punto particolare detto lagrangiano. Questo fa sì che sia un'orbita stabilissima, e ha un pregio ancora più grande: è sempre in vista della Terra. Ovvero la Terra vedrà in ogni momento la stazione spaziale lunare che viaggerà sulla sua orbita, quindi qualunque cosa succeda, noi possiamo intervenire. Su un'orbita lunare in due giorni, due giorni e mezzo, ci si arriva. Quindi, signora, lei è pronta a partire?»

«Pronti via!»

«Mamma, in Italia dov'è che stiamo fabbricando i moduli?» chiese Elvina.

«A Torino, cara. Proprio dove ferma il nostro treno.»

★

«Io e lo spazio ci siamo trovati a vicenda, un po' come due innamorati.»

Così esordì Maria Antonietta Perino, che Elvina incontrò il giorno dopo nella "fabbrica dello spazio" di Torino, grazie a un appuntamento che le aveva organizzato all'ultimo sua madre, la quale, dopo i saluti, si era dileguata – come al solito – per partecipare a una "misteriosa" riunione.

L'ufficio di Maria Antonietta, direttrice del settore esplorazione dell'azienda, era tappezzato di foto di astronauti, mappe lunari, bozzetti di "macchine" di esplorazione spaziale, alcune solo immaginate, altre diventate realtà. Un grande armadio custodiva gelosamente gli incartamenti accumulati in tanti anni di lavoro nel campo dell'esplorazione della Luna e di Marte, sul dorso dei quali spiccavano in grassetto i nomi evocativi ed eterei delle missioni: Aurora, ExoMars, EuroMoon, Solaris.

«Fin da ragazza ho sempre provato piacere nell'imparare qualunque cosa. Ero molto curiosa e sempre desiderosa di dare una risposta ai molti perché. Mi appassionavano l'arte e la filosofia, ma anche la matematica, la fisica e la tecnologia. Fui combattutissima su quale percorso di studi scegliere, finché mi decisi: Ingegneria nucleare, perché offriva un percorso interdisciplinare molto stimolante. Ho sempre lavorato per mantenermi agli studi – ho dato tante ripetizioni, ho fatto l'insegnante di pianoforte e poi la volontaria all'oratorio, a lavorare con i ragazzi. Una vita intensa e bellissima, talmente bella che ti viene voglia di viverla tutta, assaporandone ogni momento. Questa almeno, perché immagino ce ne saranno molte altre. Non ci si deve "lasciar vivere", ma è importante scegliere il proprio percorso, sapendo che comunque anche la vita ti viene incontro. A me è venuto incontro lo spazio.»

Ricordi un momento preciso in cui è scattato qualcosa di speciale?
«Io ho memoria di me bambina, a sette o otto anni. TV in bianco e nero. Due signori dentro uno scafandro che saltellano sulla superficie della Luna. Penso sia una cosa bellissima, perché sembrano saltare dalla gioia. Allora mi dico: "Un giorno voglio andarci anch'io". Chi poteva saperlo allora che sarei diventata in seguito una grande amica di uno di quei due primi uomini che misero piede sulla Luna!»

Chi, Neil Armstrong?
«No, Buzz Aldrin. L'ho incontrato al MIT (Massachusetts Institute of Technology) di Boston quando lavoravo all'idea di fabbricare pannelli fotovoltaici per generare potenza sulla Luna, usando il silicio presente nel suolo lunare. Uno studio che avevo iniziato anni prima con la mia tesi di laurea e che, a dir la verità, a molti quasi poteva sembrare fantascienza. Ma Aldrin, che sulla Luna ci era stato, lo trovò molto interessante e così cominciò un rapporto di amicizia e di confronto in telefonate in-

finite, dove Buzz mi raccontava tutte le sue pensate tecniche. Mi sento davvero molto fortunata e onorata di avere "un amico così speciale" a cui ho potuto fare tantissime domande.»

Dicono che quei pochi uomini che sono stati sulla Luna al loro ritorno avessero come una melanconia, come se lassù avessero provato o visto qualcosa che li avesse rapiti e cambiati per sempre. È stato così anche per lui? Tu cosa gli hai chiesto?
«Non te lo dico, io sono un'amica leale! Scherzo. Non so come si fosse sentito al suo ritorno, ma gli ho chiesto se lassù avesse mai avuto paura. Sai, nel 1969 le missioni Apollo avevano solo il 50% di probabilità di successo, non come le missioni con equipaggio di oggi che sono progettate con requisiti di sicurezza superiori al 99%. Per esempio mi raccontò che quando era il momento di ritornare a casa dovette usare una matita per avviare i motori del modulo lunare, perché il pulsante non funzionava. E pensa a Michael Collins, il terzo uomo, che rimase sul modulo di comando in orbita intorno alla Luna ad aspettare gli altri due, da solo. In quelle ore fu certamente la persona più sola dell'universo. E quindi certo, da lassù ti cambia la prospettiva, ti rendi conto di essere un puntino di niente rispetto al tutto. Ti cambiano le priorità, è un'esperienza talmente forte che ci sta che il cervello ti possa andare un po' in tilt...»

Mi parli un po' dei progetti di esplorazione della Luna?

«All'inizio, negli anni Novanta, eravamo davvero in pochi – e donne ancor meno: diciamo che ci si riconosceva facilmente tra tutte quelle giacche nere e cravatte. Come nelle barzellette, eravamo un'italiana (io), una francese, un tedesco e un inglese. Noi abbiamo iniziato a occuparci delle prime architetture per l'esplorazione della Luna e di Marte: dagli habitat ai rover pressurizzati, alle serre spaziali. Avevamo carta bianca, ma poco budget.

«Con le nostre analisi abbiamo identificato, qualche anno prima della NASA, il posto ideale dove scendere sulla Luna: il cratere Shackleton, dove c'è il picco della luce eterna. Con questa intuizione siamo andati in giro a cercare finanziamenti – oggi si direbbe fare crowdfunding – per realizzare una piccola missione robotica Europea – EuroMoon – con allunaggio al polo sud lunare. Non ce l'abbiamo fatta, però l'idea di atterrare al polo sud lunare si è dimostrata strategica, e oggi in molti stanno progettando missioni per atterrare in quel sito. Finalmente, nell'agosto del 2023 la sonda indiana Chandrayaan-3 atterra non lontano dal polo sud della Luna e nel febbraio del 2024 un piccolo lander commerciale, Nova-C, atterra proprio nella regione polare della Luna.»

Quale sarebbe il vantaggio di atterrare al polo sud lunare, invece che all'equatore, come è stato per le missioni Apollo?

«Intanto è molto difficile atterrare sulla Luna. All'equatore è comunque un po' più facile che al polo, ma il problema è che, siccome un giorno lunare dura ventotto dei nostri giorni terrestri, nella zona equatoriale hai un'alternanza di quattordici giorni equivalenti di Sole e quattordici giorni di notte. Quindi non solo si hanno estremi di temperatura pazzeschi, ma buio per quattordici giorni.»

Al polo lunare avremmo invece un irraggiamento solare migliore?
«Sì, lì il Sole non picchia in verticale, è radente; c'è meno irraggiamento ma è praticamente costante, specialmente nelle zone più elevate come sui bordi dei crateri. L'irraggiamento costante è proprio quello che ci serve per far funzionare i pannelli fotovoltaici e produrre energia con continuità sulla Luna, necessaria per sviluppare un'infrastruttura di superficie a sostegno delle attività di colonizzazione umana.»

Come nasce questo scenario e come ci si sta preparando per realizzarlo?
«A lungo si è pensato a come portare l'umanità su Marte; poi, in tempi più recenti, si è iniziato a considerare la Luna come tappa intermedia fondamentale per validare tutta una serie di aspetti tecnologici, quali la protezione dalle radiazioni, ma soprattutto per testare aspet-

ti umani, quali per esempio le implicazioni psicologiche che può avere un viaggio così lungo. L'esplorazione della Luna ha comunque delle importantissime valenze intrinseche. Quella scientifica innanzitutto. Dalla Luna guarderemo l'universo e osserveremo da vicino la Luna stessa, per confrontarla con la Terra. E troveremo nel suolo lunare delle risorse naturali che potremo estrarre e utilizzare sia a supporto delle attività di esplorazione sia a beneficio della Terra.»

La Luna ha quindi acquisito una posizione di primo piano nel raggio di interessi delle varie agenzie spaziali. Il risultato qual è stato?
«Si sono gettate le basi del programma di esplorazione Artemis (nome derivante da Artemide, dea della caccia e della Luna, gemella di Apollo), che vede coinvolte le principali agenzie spaziali internazionali, volto a stabilire una presenza autosufficiente sulla Luna e a sviluppare un'economia lunare, e con l'obiettivo a lungo termine di riuscire a portare l'umanità su Marte. Un elemento fondamentale del programma Artemis di ritorno alla Luna è il Lunar Gateway, una piccola stazione spaziale che orbiterà attorno alla Luna nei prossimi anni e che ci vede assolutamente protagonisti. E lo dico senza alterigia, ma noi, proprio qui a Torino, abbiamo sviluppato la capacità di progettare e realizzare i moduli in cui vi-

vono e lavorano gli astronauti – le casette spaziali – una competenza strategica che ci viene riconosciuta a livello internazionale.»

Casette spaziali: non è roba da poco! Le abbiamo viste venendo qui. Mia mamma dice che sembrano dei bidoni, a me sembrano futuristici cilindri con oblò. Ho notato anche il mock-up in cui studiate gli allestimenti interni: è incredibile entrarci perché si capisce che in orbita, in assenza di gravità, il pavimento non serve... All'interno è tutto minimo e ottimizzato, con gli scompartimenti che contengono tutto quello che serve per vivere e lavorare, apri uno sportello e c'è il bagno, un altro e c'è la cucina... E poi la "cameretta da letto" – più piccola di un camerino di prova dei negozi di vestiti –, dove gli astronauti possono avere un po' di privacy ed entrare in un sacco a pelo per dormire in piedi o a testa in giù!
«Ma in orbita non c'è testa in su o testa in giù: c'è la microgravità!» disse ridendo Maria Antonietta.

Eh già, è vero...
«Anni fa, quando facevo vedere a mio papà, che era falegname, gli schizzi a matita dei moduli per i primi design di basi lunari, non capendo perché dovessero essere sempre cilindri di alluminio, mi diceva: "Bello... Comunque l'importante è che le porte chiudano bene".»

Elvina rise, e aggiunse: *Vedi, è stato messo come requisito di progetto, ed è stato fatto!*
«Già» concluse Maria Antonietta Perino, «e non solo le porte, ma anche le finestre... Perché abbiamo capito l'importanza di avere delle finestre nello spazio (vedi per esempio la famosa Cupola della Stazione spaziale internazionale sempre fabbricata qui da noi a Torino), per guardare da lassù la nostra bellissima Terra.»

★

Elvina e Maria Antonietta erano d'accordo su quanta bellezza ci sia nell'esplorare. Le nostre esistenze, in fondo, altro non sono che un viaggio. Noi siamo già su un'astronave, il pianeta Terra è un'astronave che viaggia nel cosmo. Come il bambino sul treno con il naso appiccicato sul finestrino che guarda fuori con meraviglia e stupore il susseguirsi dei campi che gli scappano via dalla vista, il nostro viaggio è così: qualcosa lo afferriamo, molto ci sfugge. Ma è sempre bellissimo.

FARSI SCUDO
CON LE PROPRIE RISORSE

DIALOGO CON

ELENA D'ONGHIA

«Mentre tu eri alla riunione di preparazione del convegno di astronautica – perché ho scoperto che era questo il motivo della tua visita... – ho parlato a lungo con Maria Antonietta» disse Elvina ad Amalia sul treno, di ritorno a casa. «È stato davvero interessante. È molto preparata e determinata, e conosce bene le dinamiche industriali in un ambito non propriamente banale come quello dello spazio. Sapevi che, insieme al suo primo direttore, ti considera tra le persone che l'hanno maggiormente ispirata?»

«Mi fa molto piacere» rispose Amalia. «Non sarà stato facile neanche per lei farsi strada come donna in un settore tradizionalmente maschile come quello dell'industria aerospaziale.»

«Il tema dell'esplorazione umana dello spazio è veramente affascinante...»

«Sì, però c'è un problema» aggiunse Amalia. «Soprattutto con Marte: se vuoi portare gli esseri umani, ma questi ti muoiono lungo il percorso, non sei arrivato da nessuna parte.»

«In che senso?»

«Ci sono le radiazioni cosmiche, tesoro!»

Il nostro pianeta ha tante fortune, che hanno permesso la nascita della vita: ha acqua, un'atmosfera e un campo magnetico. Quest'ultimo è una barriera naturale alle radiazioni cosmiche, particelle sparate dalle stelle come minuscoli proiettili ad altissima velocità. Non tutti i pianeti o satelliti hanno un campo magnetico: Marte e la Luna non ce l'hanno. Come farà l'uomo a proteggersi da questa micidiale "polvere di stelle" nella sua futura esplorazione dello spazio?

Amalia spiegò a Elvina che la sfida tecnologica di mantenere donne e uomini in vita in un ambiente ostile come quello che si trova nello spazio profondo, colmo di radiazioni ad alta energia, era grandissima.

Una volta a casa, Elvina si mise alla ricerca su internet delle possibili soluzioni proposte dagli scienziati per questo difficile problema. Leggendo tra le pagine del sito della NASA, s'imbatté in un nome femminile che suonava decisamente italiano.

Scoprì che Elena D'Onghia, astrofisica, professoressa associata presso l'Università del Wisconsin, aveva avuto un'intuizione promettente. Stava progettando uno scudo magnetico, che neanche Capitan America...

Elvina la incontrò su Zoom.

★

Elena, come nasce il tuo amore per l'astrofisica? esordì Elvina.
«Ho un ricordo preciso: avrò avuto su per giù otto anni. Mio padre, che di mestiere restaurava mobili antichi, un giorno tornò a casa con i pesanti volumi di un'enciclopedia illustrata che qualcuno aveva abbandonato in una vecchia credenza. Fu per me la scoperta di un tesoro. Ogni sera leggevo qualche pagina, appassionandomi moltissimo a stelle e pianeti. Ogni mattina, sulla strada verso scuola, raccontavo a mia madre tutto quello che avevo imparato. Ma fu più tardi, alla fine delle medie, che s'insediò nella mia mente l'idea di diventare un astronomo ricercatore. I miei non sapevano nulla di queste cose, nessuno mi consigliò quale indirizzo di studi scegliere, così seguii le mie amiche in un istituto magistrale. Un po' come il draghetto sputafuoco Grisù che voleva diventare pompiere, io ripetevo a me stessa: "Io farò il ricercatore!". La prof di scienze mi diceva di lasciar perdere, perché solo quelli del liceo classico avevano le carte in regola per farcela.

«Con questo dubbio, mi iscrissi alla facoltà di Fisica. Presto mi resi conto che non bisognava essere dei geni, ma che serviva lavorare sodo e con passione. Mi laureai a pieni voti in Fisica delle particelle a Torino e mi specializzai in Astrofisica a Milano. Non penso di essere una persona di particolare talento, ma ho tenacia… Insomma, ho la testa dura!»

Come sei arrivata in America?

«Il mio percorso è stato un po' a zig-zag. Non sapevo bene dove andare, c'era sempre quel concetto che per una ragazza era naturale l'insegnamento, mentre per i maschi c'erano l'industria e gli stipendi più alti. Ma non è che tutto deve essere predeterminato, non è che se qualcuno ti dice esattamente quali sono tutti i passi da fare, la tua vita sarà necessariamente più semplice o più ricca di successi. Ho notato che le persone che raccolgono successi ce la fanno perché sono determinate, tenaci, anche un po' ossessive direi. Un'ossessione sana che viene dal fare quello che ti piace veramente. Io conoscevo, soltanto di nome, un professore di Harvard di cui mi piaceva molto la ricerca sulla fusione di galassie per gravità e sui moti delle loro stelle, gas e materia oscura. Gli scrissi. Non mi rispose. Gli scrissi ancora, spiegandogli che avrei tanto voluto lavorare con lui per un mese, non di più. Be', andò piuttosto bene: rimasi a Harvard quattro anni! Ecco, vedi, per andare in America, non è che mi è piovuta dal cielo la chiamata. L'occasione me la sono creata.»

Questo è molto nello spirito americano!

«Da queste parti si dice essere *resourceful*, cioè che le opportunità te le crei. Poi se non è possibile non è possibile, ma almeno ci hai provato. Non è una questione di fortuna. È imparare a osare. In Italia purtroppo c'è ancora quell'idea della raccomandazione, che devi per forza conoscere qualcuno. Ma le persone le puoi anche conoscere strada facendo! Trovando qualcuno che ti dà una mano in un passaggio specifico della tua vita, come fu per me il professore di Harvard, raccogli un dono che ti servirà in seguito e che potrai un giorno restituire. Ecco, io ho sfruttato bene le opportunità che mi si sono palesate. Oggi guido un gruppo di ricerca sul moto delle stelle all'Università del Wisconsin. L'importante è sempre fare qualcosa, muoversi, e prendere quello che c'è al momento. Anche le cose brutte.»

Elena si fermò per un attimo. L'entusiasmo nei suoi grandi occhi blu che finora aveva illuminato la call si appannò un po'. Le restava il sorriso sulle labbra, ma il tono di voce si fece un po' più serio.

«Ma non so se questo lo vogliamo dire…»

Cioè? chiese Elvina.
«A me non importa, va bene, diciamolo pure. Ecco, a proposito di cose brutte: io ho avuto un cancro, un cancro al seno.»

Oh, mi spiace. Come stai adesso?
«Bene, tutto risolto, per fortuna. Però l'ho avuto in gio-

vane età, sai, quindi era un po' allarmante. L'ho scoperto poco prima della pandemia. Il cancro è arrivato nella mia vita come un elemento inaspettato da cui in realtà ho imparato tanto. Ovviamente è stato un evento brutto, mi ha fatto pensare che, accidenti, la vita poteva essere breve. Sentivo che oltre alla mia ricerca accademica dovevo fare anche qualcosa di più pratico, qualcosa che potesse avere un impatto sulla collettività, che potesse dare un contributo all'umanità. Con il mio amico Paolo seguivamo le imprese di Elon Musk, commentando che l'uomo non sarebbe mai potuto andare su Marte, se prima non si fosse risolto il problema delle radiazioni cosmiche. E durante la pandemia, proprio mentre curavo il mio male, io e Paolo ci siamo messi a studiare un modello per uno scudo dalle radiazioni cosmiche per le future missioni umane su Marte. E questo progetto ha vinto il programma della NASA che stimola e finanzia le idee più futuristiche e innovative. Un po' alla *Star Trek*, ma con una base scientifica e fisica…»

Lo sguardo di Elena si riaccese di entusiasmo.

Complimenti! Ma spiegami meglio il problema delle radiazioni cosmiche e come hai proposto di risolverlo.
«Nello spazio ci sono delle particelle, come ioni, elettroni, protoni, neutroni, che si chiamano radiazioni cosmi-

che. Arrivano dalle supernovae – un'esplosione stellare estremamente luminosa che si verifica alla fine della vita di una stella massiccia –, viaggiando ad altissima velocità. Se queste minuscole particelle penetrassero nei nostri corpi cederebbero la loro elevatissima energia, bruciando i nostri tessuti e quindi, con una prolungata esposizione, uccidendoci. È per questo, per esempio, che negli ospedali ricreiamo ad arte queste particelle, accelerandole e dosandole per la radioterapia, per bruciare solo le cellule del cancro. Anche la nostra stella, il Sole, erutta continuamente queste particelle, in particolare elettroni, il cui effetto è nocivo per gli esseri umani. Ma per fortuna sulla Terra abbiamo il campo magnetico.»

Chi ha fatto lo scout come me lo sa bene, è grazie a lui che l'ago della bussola indica sempre il Nord e consente di orientarsi, nei boschi sperduti in montagna o in mezzo al mare. Ma oltre a questo, il campo magnetico terrestre ci fa da scudo?
«Esatto, è come un *cocoon*, un bozzolo che ci scherma dalle radiazioni cosmiche. Grazie al fatto che il pianeta Terra ha al suo centro tanto ferro molto caldo si è generato il campo magnetico, il nostro scudo naturale contro le particelle cosmiche. Funziona come una calamita, ma al contrario.»

Ma quindi, viaggiando nello spazio, come facciamo a proteggerci dalle radiazioni?
«Per le missioni in orbita bassa dove c'è ancora parte dell'effetto del campo magnetico terrestre, come quelle verso la Stazione spaziale internazionale, o quelle verso la Luna – dove già non c'è più il campo magnetico terrestre – il problema delle radiazioni cosmiche si può risolvere con delle tute protettive speciali. Inoltre, tutto sommato, si sta poco tempo lassù. I viaggi umani sulla Luna hanno una durata al massimo di una settimana, tra andata e ritorno. Quindi l'esposizione alle radiazioni non è prolungata.

«Ma per Marte ci vogliono dai tre ai sei mesi di viaggio, e non si può tornare prima di due anni, per una questione di allineamenti orbitali. La NASA non manderà mai nessun essere umano su Marte, pianeta privo del campo magnetico, se prima non si risolve il problema della protezione dalle radiazioni. Tra l'altro, queste impattano anche sugli strumenti scientifici, che vanno protetti: finora si è fatto ricorso a sottili fogli di alluminio, tipo quelli che si usano in cucina. Una buona protezione sarebbe l'acqua, ma è pesante da portare in orbita.»

E quindi cosa avete immaginato?
«Allora noi, ispirandoci al modo in cui la natura ci scherma dai raggi cosmici, abbiamo pensato di creare uno scu-

do per navicelle spaziali generando un campo magnetico portatile. In realtà se ne parlava già una decina d'anni fa, ma allora non c'erano i superconduttori di ultima generazione disponibili oggi, economici e compatti. Sono dei piccoli nastri di rame, avvolti in bobine. Attraversati da una corrente elettrica, generano un campo magnetico (è il principio sfruttato per esempio nel motore elettrico) e possono funzionare con le temperature estreme dello spazio. Certo le correnti in gioco sono importanti (milioni di volte quelle degli apparecchi elettrici di casa), il nostro modello deve essere affinato, ma gli ingegneri ci dicono che è fattibile...

«La nostra idea è che il campo magnetico portatile schermi la navicella spaziale all'esterno, ma che non agisca al suo interno, perché non sappiamo quali sarebbero gli effetti sugli astronauti nel lungo periodo. Contiamo di arrivare presto a un prototipo. La NASA ha scommesso su di noi.»

Sarà una soluzione utile anche per i futuri abitanti della Luna?
«La NASA vuole costruire delle abitazioni sulla Luna in cui inizialmente alloggeranno gli scienziati e c'è l'idea di costruire dei radiotelescopi sulla Luna, che cambieranno la nostra vista dello spazio, dallo spazio. Forse tra una ventina d'anni ci sarà una base di astronomi sulla Luna e con loro squadre di tecnici che costruiranno e faranno

manutenzione ai telescopi. Insomma si creerà un habitat sulla Luna. E il bisogno di protezione dai raggi cosmici sarà sempre più una necessità!»

Cosa scopriremo con i nuovi telescopi lunari?
«Troveremo la vita. Presto, entro i prossimi vent'anni, troveremo segnali di vita. Sappiamo già che alcune lune del nostro sistema solare hanno acqua e ghiaccio, e quindi qualche microbo, ameba o batterio lo scoveremo! E poi scopriremo altri pianeti con presenza di vita fuori dal Sistema Solare. Non sarà possibile raggiungerli perché le distanze sono quasi incommensurabili, ma sapremo finalmente di non essere più soli nell'universo! Nella Via Lattea ci sono trecento miliardi di stelle, una stella su due ha un sistema solare con dei pianeti... Qualcuno con un'atmosfera e un campo magnetico simili a quelli della Terra ci sarà! E quindi altre civiltà ci sono di sicuro, lo dice la statistica. Non riusciremo a comunicare con loro, però chi può dirlo: la curiosità e la creatività umana sono sempre in azione...»

★

«È vero, ci sono già i segni di possibili forme di vita nell'universo» commentò Amalia con Elvina. «Nelle comete, che arrivano dalle regioni esterne del Sistema Solare, abbiamo visto tracce di molecole organiche disposte sulla loro superficie, addirittura amminoacidi semplici, che sono "i mattoni" della vita. Il problema giustamente non è domandarsi se ci sia vita nell'universo, dal momento che statisticamente la risposta è: "Certamente sì". La questione è: "Riusciremo a entrare in contatto con altre forme di vita dell'universo, tenuto conto che i tempi di sviluppo di una società tecnologica capace di viaggiare nello spazio sono infinitesimamente piccoli rispetto all'età dell'universo?".

«E come te le immagini queste presenze dell'universo?» chiese Elvina.

«Non lo so, il mio augurio è che non siano violente ma pacifiche, e che siano educate, intelligenti.»

ACQUA DAL DESERTO

DIALOGO CON

MICHÈLE LAVAGNA

«Io ho avuto una grande fortuna» disse Amalia. «Ho avuto la fortuna di incontrare sul mio cammino delle persone che non solo mi hanno aiutata nei momenti professionali con la loro competenza o mi hanno consigliato in maniera giusta, ma mi hanno trasmesso quell'amicizia e quel profondo sentimento che si ha soltanto tra persone che condividono gli stessi obiettivi. Tra queste persone c'è Michèle Lavagna, la "mia" Michèle... Auguro a chi abbia voglia d'intraprendere una professione impegnativa come quella che facciamo noi di avere la stessa fortuna e incrociare una persona come lei. Viviamo oggi un momento non facile, per tutti, ma in particolare per i giovani. Bene, i giovani devono sapere di avere in mano il loro futuro, e devono saper cogliere l'occasione, quella con la O maiuscola, che può essere il momento in cui la loro vita cambia completamente direzione. I giovani devono ricordare che la vita non è facile, che richiede impegno, richiede dedizione, ma che si può arrivare ad avere quello che si desidera se si fa un mestiere che piace, un mestiere che dà soddisfazione e quindi in particolare un mestiere che si fa con gioia.»

Michèle: «Vero, io la mia occasione, con la O maiuscola, l'ho avuta con un *gravity assist*, per usare un'espressione tecnica del nostro lavoro, che ha portato le nostre due vite a incrociarsi. Sicuramente questo ha provocato una variazione positiva perché Amalia, per come l'ho conosciuta io, è una persona non solo validissima professionalmente e umanamente, ma soprattutto è una persona gioiosa. E quindi l'entusiasmo e la gioia che trasmette è davvero un dono prezioso di cui io ho goduto e per il quale mi ritengo estremamente privilegiata, per cui ringrazio del percorso che abbiamo fatto assieme».

Lo scambio di battute tra Amalia e Michèle, registrato nel video *Impronte Politecniche* che Elvina rivide su internet, era una dichiarazione di stima professionale e di profonda amicizia. Michèle Lavagna, professoressa di Sistemi spaziali al Politecnico di Milano, era stata una brillantissima studentessa di Amalia in un periodo in cui le ragazze interessate allo spazio erano ancora davvero poche. Partendo dalla tesi di laurea, passando per quella di dottorato, fino ai numerosi progetti di ricerca accademica, il sodalizio professionale e personale tra Michèle e Amalia si era sempre più consolidato nel tempo.

«Vedi, tua madre» disse Michèle a Elvina, che andò a incontrarla al Laboratorio di spazio del Politecnico di Milano «per me è stata una "mamma" professionale. Siamo diversissime, ma forse il fatto di essere entrambe donne e di avere una sensibilità comune ci ha portate ad avere punti di vista simili sul lavoro. Entrambe tendiamo a privilegiare un atteggiamento "orizzontale", che prova a tenere tutto insieme, quando invece, per tradizione – e tu lo sai bene! –, la visione maschile tende a procedere "verticalmente", andando in profondità.

«Per me lei è stata una grande mentore perché mi ha sempre incoraggiata, mi ha aperto le porte, mi ha coinvolta, mi ha dato fiducia. Mi ha offerto importanti occasioni per crescere professionalmente, poi ovviamente stava a me raccoglierle e sfruttarle.

«Sul lavoro vai avanti se sei bravo, ma se sei bravo e nessuno dice che lo sei, allora sarà molto più difficile farsi strada. In questo, per me, tua madre ha avuto un ruolo fondamentale: mi ha sostenuta nei riguardi dei colleghi e lo ha fatto con continuità, con una consapevolezza e un senso di sincero altruismo. Lei la sua carriera ce l'aveva già, chi glielo faceva fare di dedicare da dietro le quinte tutto quel tempo, quell'energia, quei mal di pancia, ad aiutarmi a costruire uno mio "spazio" lavorativo, di cui questo laboratorio in cui siamo adesso è in parte una dimostrazione? E lo dico perché è un qualcosa che io oggi, da docente e ricercatrice, sto facendo a mia volta con i miei ragazzi per aiutarli a crescere professionalmente. È una sorta di "restituzione", un altro insegnamento che devo a lei.»

Elvina non si aspettava un tale apprezzamento nei confronti di sua madre. Conoscendola, pensava che all'interno della squadra creata con Michèle, Amalia avesse fatto di tutto per concentrare su di sé il potere e lasciare il suo segno. Non certo che potesse distinguersi per altruismo. Evidentemente si sbagliava. Stava scoprendo dei lati di sua madre che ancora non conosceva. Diciamo che questo sarebbe stato un effetto collaterale della sua ricerca: era tornata al Politecnico per capire meglio il lavoro di Michèle, ed era uscita scoprendo anche qualcosa di inaspettato su sua madre.

★

Michèle stava lavorando da alcuni anni a un progetto che aveva dell'incredibile: trasformare in acqua la sabbia presente sulla superficie desertica della Luna e di Marte. Il materiale di cui sono composte queste sabbie, ovvero l'ossido di silicio, è tra i più diffusi a livello planetario, e gran parte dei corpi celesti del Sistema Solare ne sono ricoperti nello loro strato più superficiale. È chiaro che avere disponibilità di acqua e ossigeno generati sul posto (e non portarseli da casa) sarà fondamentale per permettere la presenza umana su altri pianeti oltre alla Terra.

«La sera in cui il nostro dimostratore di laboratorio, a partire da una sabbia simile a quella lunare, ha prodotto un po' di ghiaccio e da lì un po' di acqua, anche nei nostri occhi si è generato abbondante liquido lacrimale: la nostra gioia è stata incontenibile, neanche noi credevamo di riuscirci, finché non lo abbiamo visto.»

Il progetto di Michèle s'inseriva in un piano più ampio, volto a garantire l'autosufficienza degli esseri umani su altri corpi celesti grazie allo sfruttamento delle risorse presenti in loco, senza quindi dover inviare ogni volta dalla Terra elementi primari quali ossigeno, acqua, cibo.

Quando è nato questo progetto?
«Dal 2018, con il rinnovato interesse a tornare sulla Luna, abbiamo dato un forte impulso al progetto, ma in realtà avevamo incominciato a lavorarci già dieci anni prima, quando si era iniziato a parlare di esplorazione e permanenza umana nello spazio. Allora non si aveva ancora la certezza della presenza di acqua ghiacciata sulla Luna e su Marte, le misure sperimentali che hanno avvalorato queste ipotesi sono arrivate solo in seguito. In particolare, si pensava che sulla Luna di acqua non ce ne fosse proprio, e quindi come si sarebbe potuto garantire il sostentamento degli astronauti di una base spaziale permanente? Qualcosa bisognava inventarsi.»

Da dove nasce l'ispirazione per questo progetto e il tuo amore per lo spazio? chiese Elvina.
«Fin da piccola, piccolissima, ho amato la sensazione di staccarmi da terra: già a tre anni volavo con mia mamma che pilotava un piccolo aereo da turismo (poi a sedici anni ho preso anch'io il brevetto di volo), e a cinque mi sono

molto appassionata di barca a vela, e lo sono tuttora. Per me c'è un collegamento forte tra lo spazio e il cielo e tra lo spazio e il mare: allontanarsi da terra, stare in un ambiente aperto, non noto e a volte pericoloso, in balìa della natura. Veleggiare in barca vuol dire per esempio anche trovare una modalità di vita sostenibile e autosufficiente, un po' di acqua da bere e un po' di cibo te lo porti da casa, ma la stiva è piccola, per cui quello che ti serve lo recuperi durante la navigazione. Un po' quello che succede per le missioni spaziali, no? E poi, quando sei in mezzo al mare e non hai riferimenti terrestri, ti orienti con il sestante e con le stelle. La volta celeste è qualcosa che ha sempre fatto un po' parte della mia vita.»

Cosa ti piace in particolare della sensazione di staccarti da terra?
«Il fatto che sei totalmente in balìa di un'altra forza, quindi non comandi più tu, perché sei solo un puntino che deve essere molto umile, molto responsabile e molto previdente perché la natura avrà sempre la meglio. C'è un qualcosa che ti controlla, in senso buono voglio dire, a cui tu devi adeguarti in modo rapido perché l'ambiente circostante cambia continuamente. Devi essere allo stesso tempo autosufficiente, ovvero in grado di prendere le tue decisioni e mantenere il percorso che hai deciso… Non manca il senso di paura, quando sei in mezzo al mare e arriva una

tempesta, oppure in volo da sola e si fa buio. Ma quella è una paura che devi affrontare, per forza, sei obbligata. C'è dunque in tutto questo un senso di precarietà che porta in sé un connotato positivo, ti stimola e ti allena parecchio, anche a relativizzare quello che succede nella vita di tutti i giorni, sul lavoro e a casa.»

Dal navigare in mare alla ricerca dell'acqua sulla Luna, come nasce questo prezioso progetto?
«Creammo un piccolo gruppo di ricerca qui al dipartimento di Spazio del Politecnico, coinvolgendo nei nostri studi anche il professor Masi, del dipartimento di Chimica. All'inizio fu quasi "per divertimento", perché lui è appassionatissimo di spazio, ma la sua competenza è la chimica industriale. Portò alla nostra attenzione un processo industriale che si usa per l'estrazione del silicio che ha come prodotto di scarto la generazione di ossido di carbonio, ovvero un gas contenente ossigeno. Quindi abbiamo studiato questo processo da una prospettiva diversa, non per ottenere il prodotto "buono", cioè il silicio – materiale fondamentale per i microchip dei nostri telefonini e non solo –, ma per ottenere il prodotto collaterale, l'ossigeno, utile per la nostra missione di generare l'acqua, la cui molecola H_2O è composta da due atomi di idrogeno (H) e uno di ossigeno (O). Abbiamo realizzato dei piccoli reattori, uti-

lizzando un simulante della regolite lunare, ovvero una costosissima sabbia che è rappresentativa della composizione e della forma dei granelli di quella effettivamente presente sulla Luna.

«Poi, con l'avvio del programma Artemis, che creerà un avamposto autosufficiente di esseri umani sulla Luna con l'obiettivo futuro di esplorare altri corpi celesti del Sistema Solare, abbiamo potuto dare un'accelerazione importante ai nostri studi. In effetti eravamo praticamente gli unici che avevano già lavorato a questo tema, e quindi abbiamo potuto candidarci per ricevere gli importanti finanziamenti messi a disposizione dalle Agenzie spaziali europea e italiana.»

Come funziona la vostra invenzione?

«La sabbia, a livello microscopico, contiene dei componenti chimici elementari tra cui l'ossigeno, che è fortemente legato ad altri elementi in forma solida nel materiale di superficie. In un apposito contenitore chiuso e isolato termicamente, grazie a resistenze elettriche tipo quelle del tostapane, scaldiamo la sabbia a temperature elevate, senza che fonda, ovvero senza che diventi un magma come la lava dei vulcani, per intenderci, e la facciamo attraversare da una particolare miscela di gas che insuffliamo dentro. In questa miscela gassosa c'è del carbonio (C) contenuto nel metano (che si potrà estrarre dagli escrementi degli astronauti, sempre per stare sulla linea della sostenibilità in loco e del riuso!). Il carbonio fa una corte sfrenata all'ossigeno presente nella sabbia, al punto che l'ossigeno si stacca e si fidanza con lui. A questo punto è fatta perché tu hai un gas ad alta temperatura che ha catturato l'ossigeno grazie al carbonio. Con una marmitta catalitica, tipo quella delle automobili, quindi con una tecnologia ben nota, l'ossigeno – che non è poi così fedele – pianta in asso il carbonio e alla fine si sposa con l'idrogeno: ecco formarsi l'H_2O. Dal nostro reattore esce dunque vapore d'acqua, insieme a idrogeno e metano. Nell'ultimo stadio li separiamo, giocando sulle diverse temperature di cambio fase, ovvero le temperature alle quali un gas diventa liquido: abbassando la temperatura, il primo a separarsi è proprio il vapore d'acqua, che diventa acqua e poi ghiaccio. Guarda caso, gli altri gas che escono sono proprio quelli che avevamo immesso all'inizio, quindi con un circuito chiuso possiamo riniziare il processo. Volendo, possiamo ulteriormente separare gli elementi, per usarli per esempio nei sistemi di propulsione: in effetti, una volta arrivati sulla Luna, vorremo andare in giro a esplorarla e potremo così alimentare un veicolo che, oltre che con l'energia elettrica generata dai pannelli solari, potrà funzionare con una "benzina" di ossigeno o idrogeno.»

Oppure potrà servire come propellente per tornare sulla Terra o per andare su altri pianeti?
«Certo, naturalmente, a patto di avere dei serbatoi per accumularla. E la sabbia che abbiamo usato e privato dell'ossigeno, potremo riutilizzarla sulla Luna come materia prima per realizzare, tramite la stampa 3D, ovvero depositandola strato dopo strato, vari componenti, quali parti di ricambio o scudi contro le radiazioni per proteggere i moduli abitati.»

Quindi, usando energia per scaldare la sabbia che è presente in abbondanza su tutti i corpi del Sistema Solare, possiamo ricavare tutto quello che ci serve. Ma avrebbe senso fare questo anche sulla Terra? E com'è il bilancio energetico complessivo?
«Le possibili ricadute pratiche per la Terra di un progetto nato per lo spazio sono diverse, basta ricordare il velcro, nato per le tute degli astronauti al posto dei bottoni, o la TAC per il controllo dei componenti metallici o la microelettronica. Anche in questo caso c'è una ricaduta terrestre molto interessante. Questo processo lavora con miscele di sabbia generiche, che sono praticamente dappertutto, su tutti gli elementi planetari, Luna, Marte e Terra inclusi. Ci serve anche idrogeno, e come ben sappiamo la sua produzione non è così banale, però ha un filone di ricerca industriale già molto attivo sul nostro pianeta per contribuire alla sostenibilità energetica. Io vedo delle ricadu-

te di applicazioni terrestri per gli ambiti dove c'è carenza d'acqua, come le zone desertiche. L'acqua generata dalla sabbia del deserto potrà essere usata per alimentare le coltivazioni di piante in serre. Da un punto di vista relativo al bilancio energetico, i risultati preliminari sono incoraggianti. Non ci serve tanta potenza elettrica; una volta raggiunto il picco di temperatura di riscaldo iniziale della sabbia, starà tutto all'ingegnosità dell'ingegnere evitare di dissipare energia, utilizzando sistemi adatti all'isolamento termico. Il nostro reattore sarà a strati come una cipolla: una buccia conduttiva termicamente nel nocciolo, poi una buccia isolante, e infine una buccia riflettente per non subire l'influsso delle temperature estreme della Luna.»

Michèle si alzò dalla sedia e, attraversando il laboratorio di ingegneria aerospaziale, tra prototipi di satelliti, modelli in scala di velivoli, camere per simulare il vuoto dello spazio, tavole vibranti per simulare le vibrazioni del lancio in orbita, prese da un armadio un modello in scala del suo reattore, un bussolotto alto circa venti centimetri, una specie di bambola a matriosca con tanti involucri uno dentro l'altro e con all'estremità una valvola. Lo mostrò a Elvina, quasi con commozione.

«Questo che vedi è stato fatto a scopo dimostrativo, per far comprendere come sono gli strati dentro. Il prototipo che abbiamo realizzato in laboratorio è grande circa come una lavatrice. Ma il nostro obiettivo è far atterrare sulla Luna un reattore funzionante grande più o meno come uno scatolone di cartone. A breve saranno disponibili dei servizi di logistica lunare e noi siamo già prenotati su una delle prime navette per essere depositati sulla Luna e provare lì il nostro esperimento.»

Come ti sei sentita a lavorare su un progetto così innovativo, così futuribile, e prima di tutti gli altri?
«Quando lavori su un progetto così, la prima preoccupazione è di riuscire effettivamente ad arrivare a un risultato. Speri sempre che non sia un buco nell'acqua. Quindi tutto il focus e l'energia va lì, lavori un po' con il paraocchi. Poi, quando il tuo lavoro viene riconosciuto e da questo si aprono nuove opportunità e nuove sfide, ci sono altre emozioni che intervengono: l'ansia della competizione e del mantenimento di una posizione di eccellenza rispetto a quanto viene via via proposto da altri gruppi di ricerca. Ma quando il progetto si irrobustisce davvero e vedi che porta a dei risultati concreti, senti la bellezza di poter fare qualcosa di speciale. In un certo senso scopri di avere una tua utilità, e, pur restando sempre solo un piccolissimo granello di sabbia, di avere un tuo posto da qualche parte nel mondo.»

★

«Io sono orgogliosa di essere stata la "maestra", la guida di una ricercatrice alla quale sarà riconosciuto di aver trovato un modo per produrre acqua sulla Luna» disse Amalia a Elvina, prima di collegarsi online con una delle tante scuole medie che, durante l'anno, aveva lavorato su uno dei loro libri.

«L'acqua è fondamentale, perché acqua vuol dire vita: dove c'è vita c'è acqua, dove c'è acqua c'è vita. È chiaro che di sola acqua non si vive. La vita chiede un sostentamento vario, cioè ci servono tante cose per garantire la nostra vita nello spazio: la protezione, come abbiamo visto con Elena; l'acqua, come ci ha raccontato Michèle; l'aria – e questo è ancora un problema aperto; ovviamente il cibo, oltre a tanti altri aiuti esterni.»

«Già» chiese Elvina, «come ci si nutre nello spazio?»

«A parte le mucche, cui non è il caso di pensare per la Luna, una bella insalata potrebbe rivelarsi indispensabile lassù.»

«Quindi bisognerà inventarsi un modo per coltivare frutta e verdura nello spazio.»

«In effetti qualche tempo fa ho conosciuto al Polo tecnologico di Napoli una studiosa che si occupa proprio di questo: agricoltura per lo spazio. Si chiama Stefania De Pascale, prova a parlare con lei: il suo sguardo vede lontano, e l'innovazione, che è qualcosa di dirompente, ha proprio bisogno della capacità di vedere lontano.»

Ora però scappiamo, sento già i ragazzi che ci chiamano dallo schermo.

L'ASTRONAUTA AGRICOLTORE

DIALOGO CON

STEFANIA DE PASCALE

Concluso l'incontro online con la scuola, Elvina rimuginava su quella frase che le aveva detto sua mamma prima di scappare dagli studenti: "L'innovazione è qualcosa di dirompente che ha bisogno della capacità di vedere lontano".

«Ma cosa possiamo fare per andare lontano, mamma?» chiese allora Elvina ad Amalia, mentre sedevano insieme al tavolo della sala da pranzo, davanti una tazza di tè fumante.

«Per riuscire a guardare lontano dobbiamo avere la misura della nostra piccolezza, ma anche, allo stesso tempo, delle nostre capacità. E poi focalizzarci sulle cose veramente importanti, sulle cose essenziali. Io sono per le cose essenziali. E poi, ricordi? Per scalare il futuro serve avere una "valigetta degli attrezzi" pronta all'uso...»

«Certo, servono: stima di sé, preparazione, ambizione di puntare in alto, capacità di collaborare; focalizzarsi su pochi elementi essenziali e affrontare il destino con spirito d'iniziativa...»

«Brava Elvina, è così che i sogni si fanno possibili...»

«Mi chiedo cosa metterebbero di strano le tue colleghe, nelle loro valigette...»

«Hai ragione, chissà cosa porterebbe con sé Stefania De Pascale! Be', potresti contattarla e scoprirlo...»

★

«Se noi dobbiamo andare lontano, se dobbiamo andare sulla Luna o su Marte per restarci, allora dobbiamo portare con noi le piante.»

È a partire da questa riflessione che nasce il lavoro di ricerca di Stefania De Pascale, professoressa di Orticoltura e Floricoltura presso il dipartimento di Agraria dell'Università degli Studi di Napoli Federico II. Stefania in tanti anni di lavoro e sudore ha creato un innovativo laboratorio di agricoltura spaziale che rappresenta oggi un'eccellenza a livello mondiale.

Elvina la incontrò da remoto.

«Sulla Luna e su Marte non c'è vita come c'è qui da noi sulla Terra. La vita qui dipende anche dal fatto che esiste il mondo vegetale – che, tra l'altro, era presente già da molto prima della nostra comparsa. Gli uomini e le donne che vivranno negli habitat che costruiremo su altri pianeti avranno chiaramente la necessità di mangiare: inevitabilmente saranno tutti agricoltori e… vegetariani.»

Come nasce questo tuo lavoro di ricerca in un ambito così particolare? L'amore per le piante e lo spazio lo coltivavi già da bambina? chiese Elvina.

«Fin da piccola avevo una grande curiosità per la natura. Mi sono avvicinata al mondo delle piante con un interesse che oggi definirei più di tipo filosofico e umanistico, che biologico o scientifico. Questo approccio l'ho sempre portato con me nel lavoro di ricerca, così che oggi potrei affermare di essere riuscita a chiudere il cerchio. Neanche la mia passione per lo spazio era inizialmente legata alle tecnologie, ma piuttosto alle grandi domande che tutti ci poniamo, tipo "ci sarà vita oltre la Terra?". Da ragazza adoravo i film di fantascienza e i fantasy sullo spazio. Poi, contro ogni previsione, alla fine del liceo classico, anziché avventurarmi in una carriera umanistica, scelsi di studiare Agraria. Un giorno d'estate visitai con un amico il dipartimento dell'Università e m'innamorai all'istante sia del luogo, l'affascinante Reggia di Portici, sia della materia. Alcuni anni dopo conobbi Raimondo, che, molto più tardi, sarebbe diventato il padre di mio figlio; all'epoca lavorava come ingegnere aerospaziale al Mars Center di Napoli, studiando la microgravità.

Ah, la microgravità. Ogni volta che vediamo un astronauta "galleggiare" nello spazio immaginiamo che si muovano in un ambiente privo di gravità, ma non è esattamente così, giusto?
«Giusto, si tratta di un errore molto frequente. In realtà, gli astronauti sulla Stazione spaziale internazionale, la ISS, non sono in condizioni di assenza di gravità, ma piuttosto in condizioni di microgravità. Nello specifico, la ISS orbita a circa quattrocento chilometri dalle nostre teste, a una velocità tale da compensare quasi esattamente l'accelerazione di gravità. Questo significa che gli astronauti e gli oggetti all'interno della ISS sperimentano l'assenza di peso e di fluttuazione nell'aria, se sono all'interno della ISS, o nel vuoto se sono al suo esterno (con la tuta, però!). Tuttavia, essi sono ancora soggetti a una debolissima accelerazione dell'ordine di qualche milionesimo della gravità terrestre, da cui la definizione di microgravità.»

E cosa ti appassionava del lavoro di Raimondo?
«Gli facevo un sacco di domande. Mi interessava capire quali effetti la microgravità potesse avere sugli esseri viventi. Mi resi conto che lo spazio e la microgravità rappresentavano un grande laboratorio nel quale poter risolvere tutta una serie di quesiti scientifici relativi anche alla biologia delle piante. Per esempio, può crescere il seme di una pianta nello spazio? E, se sì, come? Sopra

le nostre teste, a quattrocento chilometri dalla Terra, la ISS era il luogo ideale dove poter studiare la crescita delle piante in assenza di gravità. E lì ho cercato di arrivare.»

Sei stata una pioniera nel tuo campo. Immagino che non sia stato facile...
«Abbiamo costituito inizialmente un piccolo gruppo di ricerca, tutte donne, cercando finanziamenti presso le agenzie spaziali per sostenere i nostri studi. Non ti dico i commenti dei nostri colleghi agronomi maschi: "Queste vogliono studiare le piante sulla Luna invece di pensare ai problemi che abbiamo sulla Terra... Sì, vabbè, lasciamole sognare!". Eppure, tra ingegneri e fisici che ci facevano sentire piccole piccole, abbiamo iniziato a tracciare con l'aratro dell'immaginazione e della determinazione un solco dove ancora non esisteva...»

Ed è andata molto bene, a dispetto delle aspettative di tutti!
«Esatto! Abbiamo fatto i nostri primi esperimenti di agricoltura in microgravità nel 2005 grazie a un volo ESA, e poi successivamente nel 2017 con l'astronauta Paolo Nespoli sulla Stazione spaziale internazionale. In realtà è già dalla fine degli anni Ottanta che è attivo il programma MELiSSA dell'Agenzia spaziale europea per lo studio dei sistemi biorigenerativi di supporto alla vita nello spazio, a cui noi ci siamo agganciati. Si tratta di ecosistemi ar-

tificiali chiusi, in cui viene replicato un po' un ecosistema terrestre: ci sono i produttori, ovvero alghe e piante, organismi fototrofi, i degradatori, quindi fondamentalmente microrganismi, e poi i consumatori, ovvero l'equipaggio della ISS. Tutti devono interagire tra loro in uno spazio chiuso, in equilibrio dinamico e ovviamente con l'obiettivo finale di rigenerare le risorse. In questi sistemi le piante svolgeranno funzioni fondamentali: rigenerare l'aria grazie alla fotosintesi, purificare l'acqua attraverso la traspirazione e produrre cibo fresco, anche riutilizzando scarti organici dell'equipaggio.»

Se per il futuro possiamo immaginare che gli astronauti mangeranno insalata fresca, oggi che cosa si mangia nello spazio?
«Dalle prime missioni spaziali a quelle recenti sull'ISS, il cibo spaziale è notevolmente migliorato grazie alle ricerche effettuate in laboratori specializzati. Ai giorni nostri, gran parte degli alimenti disponibili sulla Terra può essere consumata anche sull'ISS. Gli astronauti possono scegliere tra una gamma ampia e variegata di alimenti, compresi zuppe, stufati, piatti pronti a base di pasta, carne, pesce e uova liofilizzati, verdura e frutta disidratate, barrette energetiche, snack a base di cereali, bevande in polvere e molto altro. Inoltre, nelle missioni più lunghe, possono portare pacchetti di cibo personalizzati a loro scelta (il cosiddetto "bonus food").

Tuttavia, si tratta comunque di cibo precotto, disidratato o termostabilizzato, con una durata di conservazione di diciotto, ventiquattro mesi.»

Cosa impariamo nello spazio che può servirci per la nostra sopravvivenza sulla Terra?
«Ormai sono trent'anni che studiamo queste cose, e io ho capito che noi possiamo imparare molto dall'agricoltura spaziale per l'agricoltura terrestre. Quello che nell'agricoltura terrestre sembra un *optional*, cioè la sostenibilità, la circolarità, la rigenerazione delle risorse, nello spazio è un *must*. Le tecnologie e le conoscenze che sviluppiamo per l'agricoltura spaziale possono consentire di guadagnare spazio: ovvero di imparare come coltivare le piante in ambienti estremi della Terra, quali i deserti, i poli, le aree degradate. Il *vertical farming*, cioè il coltivare in verticale risparmiando spazio, utilizzando sistemi senza suolo, è nato per l'agricoltura spaziale; i LED per l'illuminazione artificiale delle piante sono stati utilizzati per la prima volta per l'agricoltura spaziale. Questi sono solo pochi esempi; io sono convinta che quello che stiamo facendo sia utile anche per l'agricoltura sulla Terra. Nello stesso tempo, l'ambito dello spazio è molto entusiasmante, molto innovativo, molto interdisciplinare. Mi fa piacere, poi, che nel tempo la ricerca sull'esplorazione spaziale abbia messo più a fuoco anche la questione

delle piante, che prima erano praticamente considerate insignificanti. Un bell'impulso lo hanno dato la NASA con una grande camera di crescita per la ricerca spaziale al Kennedy Space Center e l'ESA con l'impianto pilota del progetto MELiSSA all'Università autonoma di Barcellona. E ora anche gli ingegneri ci guardano con un po' più di rispetto...»

Perché dici che le piante sono invisibili?
«Noi in generale abbiamo un problema: noi non vediamo le piante. Si chiama *plant blindness*, è un fenomeno che è stato descritto alla fine degli anni Novanta e che è legato a un vero e proprio *bias* cognitivo, un errore di valutazione. Diverse migliaia di anni fa, noi eravamo possibili prede di carnivori. Il verde era per i nostri antenati una specie di quinta teatrale che abbiamo imparato a trascurare per focalizzare la nostra attenzione su eventuali pericoli. Considera poi che le piante sono praticamente innocue e che non si muovono, e dunque, anche per questo, abbiamo imparato a ignorarle. Purtroppo, pochi ricordano che le piante rendono l'aria respirabile, restituiscono acqua pura alla nostra atmosfera, proteggono l'ambiente in cui viviamo... Pensa alle piante che si trovano sui versanti montuosi o sulle rive dei fiumi. Senza dimenticare le importanti funzioni svolte dall'agricoltura. E questa è una cosa grave, perché poi si riflette nel

modo in cui costruiamo le nostre città e nel modo in cui passiamo il nostro tempo libero. Io però non sono una catastrofista, non lo sono mai stata e non lo sarò mai!»

E da ottimista, che scenario futuro prevedi?
«Noi come umanità siamo molto più resilienti di quanto si possa pensare; quindi sicuramente saremo in grado di adattarci al cambiamento climatico e ai cambiamenti in generale. Però io credo che sia giunto il momento – e le nuove generazioni lo stanno dimostrando – di affrontare seriamente certi problemi, evitando un'inutile propaganda. È innegabile che avvengano disastri ambientali quali inondazioni o siccità e che si verifichino effettivi problemi legati al cambiamento climatico. Ma non si dica che è colpa dell'agricoltura o che sia necessario ritornare a coltivare come cento anni fa! Io credo che l'agricoltura faccia meglio di quanto non si dica. L'agricoltura ha creato il paesaggio. Il bel paesaggio italiano è il paesaggio agricolo. La biodiversità che tutti dicono di voler difendere non è certo la primula di Palinuro, ma l'agro-biodiversità, ovvero le varietà di piante coltivate che sono state prodotte dal lavoro di domesticazione dell'uomo che si è consumato negli oltre diecimila anni di storia dell'agricoltura. L'agricoltura è stata la più grande rivoluzione nella storia dell'uomo dopo la scoperta del fuoco. Se esiste una civiltà, lo si deve all'agricoltura.»

Ma se non possiamo andare indietro, e il mondo ci mette continuamente davanti a nuove sfide, chiedendoci di ripensare alle nostre abitudini, anche il modo di fare agricoltura dovrà aggiornarsi?

«Certo oggi l'agricoltura deve essere in parte ripensata. L'innovazione può aiutare in questo, io credo che oggi abbiamo le conoscenze, le competenze, le tecnologie per imprimere una svolta all'agricoltura in modo che sia sostenibile, non solo dal punto di vista ambientale, ma anche dal punto di vista economico. E che soprattutto mantenga il suo obiettivo primario, che è quello di sfamare una popolazione mondiale in forte crescita. L'agricoltura deve aumentare la propria produttività, e lo si può fare solo andando avanti con la ricerca e con un approccio di tecnologie sostenibili. In questo lo spazio può aiutare, diventando un terreno di sperimentazione.»

★

Dopo aver chiuso la videochiamata con Stefania, Elvina chiamò subito la madre. Era nel suo studio, una piccola stanza con un tavolino rosso di fronte alla porta vetrata che dava sul bosco. Alle pareti poggiavano librerie piene zeppe di libri scientifici e romanzi di fantascienza, e le mensole erano disseminate qua e là di fotografie, gadget e ricordi dei convegni scientifici e degli incontri in giro per il mondo nelle basi spaziali. Sull'appendiabiti all'ingresso erano appesi i badge dei numerosissimi incontri pubblici tenuti negli anni.

Amalia era accanto alla vecchia *dormeuse* rosa antico, intenta a bere l'immancabile tè del pomeriggio.

«Volevo ringraziarti, la conversazione con De Pascale è stata molto interessante.»

«Lo so, il suo ottimismo è contagioso: lei è la dimostrazione del fatto che la ricerca non ha confini.»

«Esatto, mi ha teletrasportata in un futuro ancora tutto da immaginare, un futuro dove anche i sogni più incredibili si possono realizzare.»

«Tu, Elvina, sei sempre stata una sognatrice, come le tue bambine, ma io che ho qualche anno più di te non posso non ricordarti che i sogni devono essere ancorati a impegno e dedizione: bisogna anche lavorare duramente per i propri sogni.»

«Mi ha affascinata molto scoprire che stiamo per entrare in un periodo di "riscossa delle piante".»

«Pensa più che altro alle possibilità di lavoro legate a queste scoperte: chissà, in futuro le aziende aerospaziali potranno avere bisogno di agronomi specializzati in agricoltura dello spazio, con competenze su tecnologie di punta per sviluppare i moduli abitativi. Gli astronauti e i futuri colonizzatori di altri pianeti dovranno essere, per forza di cose, agricoltori e vegetariani, e finalmente daranno "più spazio alle piante!".»

MATEMATICA MON AMOUR

DIALOGO CON

IMMACOLATA DONNARUMMA

«Ho appena sentito al telegiornale che questa sera, nello spazio, gli astronauti hanno sperimentato i fusilli, che per la prima volta non erano da reidratare ma solo da scaldare. Sembra che fossero belli al dente... Tu invece cosa cucini stasera alle bambine?» chiese sorridendo Amalia a Elvina.

«Niente, ci pensa Tommaso. Come al solito. Io al massimo lavo l'insalata... Oltre non mi spingo per evitare lamentele e polemiche.»

«Io sto facendo una bella torta di mele. Ti do la ricetta, è semplicissima, potresti farla anche tu stasera: tre tazze di farina, due uova, una bustina di lievito, una tazza di latte, un vasetto di yogurt. Poco zucchero. Niente burro. Mescolare bene bene prima di unire all'impasto tre mele renette tagliate a dadini. E poi io aggiungo un ingrediente speciale, che di solito non si mette, ma a me piace: un cucchiaino di marmellata di arance amare, qua e là sulla superficie, che poi crea come dei piccoli crateri, che la fanno assomigliare al suolo lunare.»

«Buona, me la facevi sempre quand'ero piccola.»

«Ora, mentre rimescolo, mi è venuta in mente una cosa: oggi si fa un gran parlare di intelligenza artificiale. Ma è un po' come fare questa torta: c'è un gran calderone in cui metti dentro tanti ingredienti e hai tanti cucchiai per mescolare. Se aggiungi degli ingredienti che prima non erano stati previsti e frulli bene per amalgamare puoi creare una ricetta nuova.»

«Sotto la guida di un bravo chef!»

«Sì, nel senso che lo chef bravo conosce gli ingredienti giusti, sa quali possono andare d'accordo, quali sono più sfiziosi e così via.»

«È vero che si fa un gran parlare di intelligenza artificiale. Nel mondo industriale, aziende multinazionali come la mia ne fanno già uso. Per esempio, ultimamente sto gestendo un progetto per consentire la vendita tramite e-commerce di prodotti ottici: qui l'intelligenza artificiale interviene per tradurre le informazioni e interagire con il consumatore nella sua lingua. E lo fa in maniera accurata e secondo le normative specifiche del Paese. Non sarebbe altrimenti possibile gestire questa mole di dati in tempi rapidi e con costi bassi, per di più in quaranta lingue diverse del mondo. E per lo spazio sarà uno strumento importantissimo, non credi?»

«Certamente, soprattutto perché aiuterà a comprendere certi fenomeni astronomici complessi. E ovviamente va a braccetto con la matematica. Perciò è un argomento che mi piace.»

«La matematica è un linguaggio davvero importante, è la chiave per capire come funziona il mondo, è un peccato che per molti ragazzi non sia che un groviglio di simboli indecifrabili...»

«Potresti contattare Immacolata Donnarumma, una matematica dell'Agenzia spaziale italiana, sono certa che saprà aiutarti e magari avrà anche tempo per illustrarti come matematica e intelligenza artificiale siano applicate nello studio delle stelle e dello spazio.»

★

Elvina la contattò in videoconferenza. Imma, da remoto, invitò Elvina a entrare nel suo mondo di numeri e spazio, accogliendola con un bel sorriso e sfoggiando un taglio di capelli sbarazzino.

«Lo spazio è infinito. I numeri sono infiniti. Non c'è nulla come la matematica che ci faccia toccare l'infinito. Ma, soprattutto, la matematica è uno strumento che permette di semplificare i fenomeni apparentemente più complessi e al contempo di andare oltre. O almeno così è per me.»

Quindi com'è la matematica?
«La matematica non è così complicata come sembra. A me ha insegnato innanzitutto un metodo di studio e poi di lavoro. Servono certamente rigore, disciplina, determinazione, forza di volontà. Ma, passo dopo passo, ci of-

fre la possibilità di andare via dritti per la nostra strada. Io lo dico sempre ai ragazzi: attenzione, se state risolvendo un problema di matematica e nei vari passaggi le cose si complicano, vuol dire che state sbagliando. Perché la matematica quando funziona è semplificazione.»

Però dipende anche molto da come la si insegna, soprattutto alle scuole medie. A molti studenti la matematica fa proprio paura... ribatté Elvina.

«Io confesso che la amo da sempre, un amore che mi ha trasmesso mio padre. Però, sì, è vero, dipende molto da come la si insegna a scuola. Ma non è facile fare l'insegnante di matematica, farlo bene, in modo tale da trasmettere passione e positività ai ragazzi. Comunque secondo me in futuro si apprezzerà di più questa materia. Con l'avvento dell'intelligenza artificiale gli studenti si avvicineranno molto di più a essa, proprio perché l'idea è quella di poter disporre di uno strumento che aiuta a semplificare i problemi (non quelli di scuola, eh!). E semplificare ci serve per riuscire a interpretare quello che stiamo osservando, in maniera più veloce.

«Pensiamo all'utilizzo di tecniche d'intelligenza artificiale che consentono ai computer l'analisi di milioni di immagini o video per il riconoscimento facciale o per la guida autonoma delle auto, il filtro antispam nelle e-mail, i sistemi automatici delle chat che sono in grado di interagire con noi utilizzando il linguaggio della nostra vita quotidiana: questi sono alcuni degli esempi possibili.

«Ma ti faccio un esempio inerente al mio lavoro qui all'ASI: avrai certamente sentito parlare della scoperta delle onde gravitazionali. Si tratta di deformazioni dello spazio-tempo, ma non si sa da cosa siano indotte. Abbiamo orientato tutti i telescopi spaziali e della Terra nella direzione da cui provengono queste onde, cercando e, a volte ricevendo, tante informazioni, portate da tanti "messaggeri" diversi (luce, onde radio, raggi X, neutrini...). Stiamo lavorando per mettere insieme tutti questi messaggeri che interagiscono fra loro e per cercare di interpretare i fenomeni che osserviamo, grazie appunto all'intelligenza artificiale. Costruiamo dei modelli matematici che alleniamo e mettiamo alla prova per vedere se da un lato descrivono correttamente quello che già sappiamo, e dall'altro se ci possono aiutare a predire il comportamento futuro dei dati che raccoglieremo. Farlo "a mano" sarebbe impossibile, date la mole e la complessità dei dati che ci arrivano dallo spazio. L'intelligenza artificiale ci aiuta a poter pensare in grande. E questa è certamente una bella sfida per il futuro.»

Non pensi però che con l'intelligenza artificiale ci sia il rischio di affidarsi a una "scatola nera"? Butto dentro a un calcolatore dei dati, tantissimi dati, lì succede qualcosa, ma io non posso vedere all'interno della "scatola". E quindi, alla fine, mi devo fidare del risultato che mi viene restituito, anche se non so cosa è successo. Perdendo magari al contempo anche un po' di allenamento a ragionare con il mio cervello...

«Questa è una riflessione che assolutamente va fatta. Uno potrebbe dirsi: "C'è una macchina che fa il lavoro, quindi io faccio poco, me ne sto beato in panciolle" ma secondo me la questione è diversa. Innanzitutto c'è il fatto che i dati in ingresso devo darli io, scegliendoli bene, per "allenare" le macchine. Si parla già di un nuovo lavoro, quello del Prompt Manager, colui che "dà da mangiare" ai sistemi di intelligenza artificiale – alcuni dei quali già accessibili a tutti, come ChatGPT – per educarli ed evitare che dicano castronerie. La valutazione dell'attendibilità del risultato fornito dallo strumento non potrà poi prescindere da un'analisi critica dell'utilizzatore, che solo l'esperienza può fornire. L'intelligenza artificiale non sostituisce l'intelligenza umana! Comunque credo che l'intelligenza artificiale diventerà il mezzo che ci permetterà di fare non solo le cose in maniera più rapida, ma soprattutto di crearne di nuove. Ovvero, se io ottimizzo un processo, mi rimane più tempo per pensare ad altro, per pensare oltre.»

C'è addirittura chi dice che siamo sulla soglia di una rivoluzione della portata di quella agricola di diecimila anni fa. Con il

passaggio da raccoglitori-cacciatori ad agricoltori-allevatori, gli uomini e le donne hanno avuto più tempo per fare altro, liberando risorse intellettuali per fare cose completamente nuove, tipo inventare la scrittura e… la matematica!
«Questo non lo so, però sta già diventando possibile mettere insieme competenze differenti, in settori differenti. Prima sembrava un'utopia. Per esempio, biologi, medici, ingegneri e avvocati, grazie all'intelligenza artificiale, potranno affrontare insieme questioni complesse, come per esempio quelle dell'esplorazione dello spazio o della sostenibilità ambientale sulla Terra, con un approccio unitario e trasversale in grado di fondere i saperi. E così si va davvero oltre, si crea il nuovo.»

Ma, tornando alla matematica, perché serve?
«La matematica è lo strumento di supporto per capire i fenomeni fisici. Dà qualità alla quantità dei dati. I "segnali dall'universo" che riceviamo tramite i telescopi o tramite le sonde spaziali in viaggio nel cosmo non stanno lì per caso, la nostra sfida è comprendere cosa sono, anche se non ne vediamo la sorgente. E poi la matematica è uno strumento che ti permette di fare tanto altro. E forse – e te lo dico da amante della materia – anche nella nostra vita di tutti i giorni!»

Tu cosa ti aspetti che si possa scoprire dall'universo nei prossimi anni, anche grazie appunto allo strumento della matematica?
«Abbiamo davanti a noi una grandissima e interessantissima occasione. Tra alcuni anni torneremo sulla Luna, e abbiamo progetti di costruire là un osservatorio. Io che sono campana dico che sulla Luna ci dobbiamo fare un nuovo osservatorio bello come quello di Capodimonte. I nostri team scientifici stanno già lavorando con l'industria per disegnare della strumentazione scientifica tutta nuova, per osservare la Terra dalla Luna e studiarla, ma, soprattutto, per studiare l'universo da una prospettiva inedita e privilegiata. Sulla Luna metteremo dei monitor che andranno a rilevare quei messaggeri che durano pochissimi istanti, i cosiddetti transienti, che ci potrebbero dire qual è la sorgente astrofisica delle onde gravitazionali. Questo vuol dire ascoltare e comprendere l'universo.»

COLTIVARE IL DUBBIO

DIALOGO CON

ERSILIA VAUDO

"Ascoltare e comprendere l'universo." Le parole di Immacolata Donnarumma risuonavano ancora nella mente di Elvina mentre si trovava, insieme ad Amalia e a Ersilia Vaudo Scarpetta – astrofisica dell'Agenzia spaziale europea e divulgatrice scientifica –, all'apertura di un dibattito pubblico al quale erano state invitate tutte e tre.

Ersilia era convinta che un telescopio potesse fare piccole magie: "Guardando il cielo di notte e scoprendo i crateri lunari o gli anelli di Saturno, avviene nei bambini una trasformazione: si accendono desideri nuovi, piccole scintille di futuro...".

Dal palco di Focus Live, di fronte a una giovane e interessata platea, le tre donne convennero non solo su come la matematica fosse uno strumento meraviglioso per mettersi all'ascolto della voce delle stelle, ma soprattutto su quanto fosse fondamentale l'ascolto in sé della natura, prima di ogni altra cosa, per poter affrontare l'esplorazione umana dello spazio in una modalità nuova e più sostenibile.

Alla fine del dibattito, mentre Amalia come sempre era stata "rapita" dai ragazzi e dalle ragazze per uno scambio di battute o qualche consiglio, Elvina ed Ersilia proseguirono in comitato ristretto la conversazione.

★

Perché esploriamo lo spazio? chiese Elvina a Ersilia.

«L'indagine dello spazio, anche in termini di esplorazione, offre l'opportunità di un cambio di prospettiva attraverso cui poter guardare anche a noi stessi. Io penso che sia proprio con questa capacità di fare domande, senza fermarsi alle prime risposte, che diamo un senso al nostro essere umani. Questo anelito è ciò che ci definisce. Esplorare è una tentazione a cui è difficile resistere.

«L'esplorazione umana dello spazio è anche una straordinaria occasione di progresso tecnologico. Affrontare problemi inediti e complessi richiede creatività e la capacità di trovare soluzioni a sfide nuove.

«Per esempio, tornare sulla Luna per restarci attiverà creatività e ingegno, anche in una chiave di sostenibilità. Per costruire degli insediamenti non è certo possibile pensare di portarsi un "mattoncino" alla volta dalla Terra. Si dovrà imparare a costruire con il supporto di stampanti 3D, utilizzando materiali in loco, a "chilometro zero" quindi, e potendo contare sull'energia solare. Sarà dunque un esperimento di messa in atto di pratiche sostenibili da cui impareremo moltissime cose.

«Anche in questo è il valore innovativo di sfidare i confini noti e confrontarsi con vincoli nuovi.

«L'emozione del conoscere e capire cosa ci sfuggiva fa della scienza la più grande delle avventure.»

Ersilia raccontò del suo senso di stupore e di meraviglia per le stelle, la fisica e la natura, coltivato fin da bambina.

Che ruolo hanno avuto i tuoi genitori nel nutrire la tua curiosità?
«Mio papà ha navigato per molto tempo per mare e mia mamma era una chimica. In famiglia la curiosità e la familiarità con la scienza sono sempre state incoraggiate: mamma sui barattoli in cucina non scriveva sale, zucchero eccetera, ma metteva le formule chimiche. Ovviamente succedeva che io o i miei fratelli confondessimo gli ingredienti, per esempio, il bicarbonato con lo zucchero a velo, facendo pasticci colossali. Utilizzare formule e non parole ci ha comunque aiutati a capire che la natura parla tanti linguaggi. Che le cose non sono sempre come appaiono al primo sguardo, che dietro tanti concetti, anche quello del tempo, ci sono sfumature che ci sfuggono. Da bambina, per esempio,

rimasi folgorata nel sentire da un compagno di scuola che su Mercurio un anno è più corto di un solo giorno: mi sembrava pazzesco.»

L'amore per la natura in cui sei cresciuta si è poi tradotto, a scuola, in una predilezione per la scienza?
«A scuola la scienza mi piaceva, ma amavo studiare un po' tutto, con l'eccezione, per un periodo, dell'inglese, i cui suoni mi sembravano alieni. In seguito, al liceo, forse anche perché la mia professoressa di fisica ci chiedeva a volte di preparare noi le lezioni, scoprii due cose: che puoi essere sicuro di aver capito qualcosa di nuovo solo dopo l'impresa ardua di spiegarlo ai compagni; e che, in fondo, mi piaceva molto condividere ciò che avevo imparato, soprattutto se inizialmente lo avevo trovato ostico. Il coinvolgimento degli studenti nelle spiegazioni penso sia una formula che può essere molto efficace per far scattare un nuovo rapporto con la materia.

«All'università, scelsi così di studiare Fisica , perché mi piaceva l'idea di confrontarmi con realtà distanti da me, che mi avrebbe emozionato scoprire. Questa dimensione di "distanza" mi rassicurava anche perché mi permetteva di mettere in prospettiva le questioni esistenziali sollevate dallo studio della filosofia.

«Mi specializzai in Cosmologia ed entrai successivamente all'Agenzia spaziale europea, dove ho coperto molti ruoli diversi fra loro, in un contesto internazionale dinamico e straordinario: anche questa è stata una occasione per avere una nuova prospettiva sulla nostra cultura e sui fondamenti di una identità europea.»

Da quando hai deciso di studiare fisica, qual è stata la scommessa che hai fatto con te stessa e che in tutti questi anni non hai mai tradito?
«Coltivare la mia curiosità, e non trascurare mai occasioni che mi facciano imparare cose nuove. Per poi avere il piacere di condividerle con le persone a cui voglio bene. Guarda, questa immagine che ho sul telefonino, per esempio, è lo "scatto" di una meravigliosa supernova, la cui immagine appare ingrandita a causa dell'effetto di lente gravitazionale creato dell'ammasso di galassie che ha di fronte. Le mie amiche mi prendono un po' in giro, perché poi le torturo con messaggi del tipo: "Sono immagini che vengono da un tempo in cui sulla Terra c'erano ancora i dinosauri", a cui loro rispondono con emoj di disperazione.»

Elvina scoppiò a ridere, poi chiese: *Tu hai lavorato anche in America, giusto?*
«Sì, dal 2002 al 2006 sono stata all'ufficio di Washington dell'ESA, dove ci si occupa delle relazioni con i partner americani e canadesi, tra cui anche la NASA. Sono stati

anni fondamentali, per me, professionalmente, ma anche per lo spazio in generale. In quel periodo e in quel contesto geopolitico – caratterizzato anche dalle prime missioni spaziali umane da parte della Cina – lo spazio aveva (e ha ancora) un valore particolarmente strategico. L'incidente dello Shuttle Columbia, che al rientro esplose causando la morte di tutti gli astronauti a bordo, fu uno shock profondissimo negli Stati Uniti ma anche in tutta la comunità spaziale. Tuttavia segnò l'inizio di una nuova riflessione sulle ragioni che ci portano a investire così tante risorse, anche in termini di vite umane, per esplorare lo spazio. Una riflessione che coinvolse profondamente anche l'Europa, e quindi l'ESA, di cui noi eravamo i rappresentanti a Washington. Fu un momento molto intenso, ma anche molto interessante. Le domande cercavano risposte. Qual è la spinta che ci spinge a esplorare? Perché andare sulla Luna invece di costruire un ospedale? Qual è il valore per i cittadini delle missioni spaziali? Tutte riflessioni che hanno poi arricchito il dibattito e cambiato molti paradigmi, tra cui l'importanza delle valutazioni di impatto, anche sociale, delle imprese spaziali.»

È importante esplorare?
«È certamente un desiderio che ci definisce. Ma non dovrebbe essere inteso come un imperativo che giustifica ogni azione. Perché esplorare implica una presenza atti-

va, che può avere conseguenze da valutare con attenzione, con discernimento e soprattutto mettendo in gioco una comprensione globale dei rischi, non solo per noi. Conosciamo, per esempio, solo il 5% delle profondità oceaniche, ma forse va bene anche così. Dovremmo valutare se abbia senso aumentare quella percentuale, e fino a che punto, e se ciò potrebbe alterare ecosistemi delicati e preziosi.»

Eh, purtroppo ce lo dice proprio una legge della fisica, il principio di Heisenberg, giusto? puntualizzò Elvina. *Se tu osservi un fenomeno, per il solo fatto di osservarlo, lo modifichi. Con la pasta, se alzi il coperchio della pentola per vedere se l'acqua bolle, rallenti l'ebollizione.*
«Certo, il principio ci dice questo, è vero, ma ci sono alterazioni di cui ci si può rendere conto solo quando ormai è troppo tardi. I mari, gli animali, le piante, è questa la meraviglia che dobbiamo salvaguardare innanzitutto.

«La parola *fisica* viene dal greco "natura". Lo dico da madre: lasciamo i bambini giocare il più a lungo possibile in spazi aperti: prati, spiagge, giardini, perché la natura è la prima palestra di curiosità. I bambini sono tutti piccoli esploratori, ed è guardandosi intorno che cominciano a venire fuori mille "perché". E, rivolgendomi ai genitori, aggiungo: non c'è bisogno di avere tutte le risposte. È bello anche cercarle insieme.

«In futuro sarà sempre più complicato navigare tra l'eccesso di informazioni, distinguere cosa è vero e cosa non lo è. Magari io potrò un giorno ricevere un video di tua madre che dice delle cose che lei non ha mai pensato, un fake realizzato ad arte tramite l'intelligenza artificiale. Sarà lo spirito critico che abbiamo saputo coltivare, la capacità di diffidare, la voglia di cercare, che farà la differenza.»

Questa sarà una bella sfida…
«La mia militanza è per l'inclusione di tutti, già dalle elementari, in quel linguaggio, imprescindibile nel mondo di oggi, che è la matematica. Ripeto spesso che la matematica è un "abilitatore di futuro", ed è necessario dare a tutti i bambini, e le bambine, la possibilità di poter scegliere il loro futuro. E di poter esercitare da grandi una cittadinanza più consapevole, prerequisito essenziale per una sana democrazia.»

★

Da quella lunga chiacchierata, Elvina aveva capito con ancora più forza che la conoscenza della matematica e della scienza può mettere in atto una trasformazione profonda: può accendere nei bambini e nelle bambine nuovi immaginari, può far nascere una gran voglia di futuro. Non tralasciando nessuno.

Le ritornarono alla mente le parole che da sempre le ripeteva Amalia: "Il futuro parla il linguaggio della tecnologia e della scienza".

E così Elvina pensò che, oggi, le competenze tecnologiche sono l'alfabeto. "Come in passato saper leggere e scrivere è stato lo strumento per l'inclusione, oggi parlare il linguaggio della scienza è indispensabile per essere cittadini partecipi della vita collettiva, per avere uno spirito critico e autonomo."

Elvina, quella sera, sentì che, rispetto agli ultimi anni, le cose stavano cambiando, anche se la strada da fare era ancora lunga. Sapeva che per le ragazze la conoscenza delle materie tecnico-scientifiche non era più solo una questione di opportunità, ma era diventata una questione di democrazia.

TROVARE L'AMERICA
(E UN POSTO NELL'UNIVERSO)

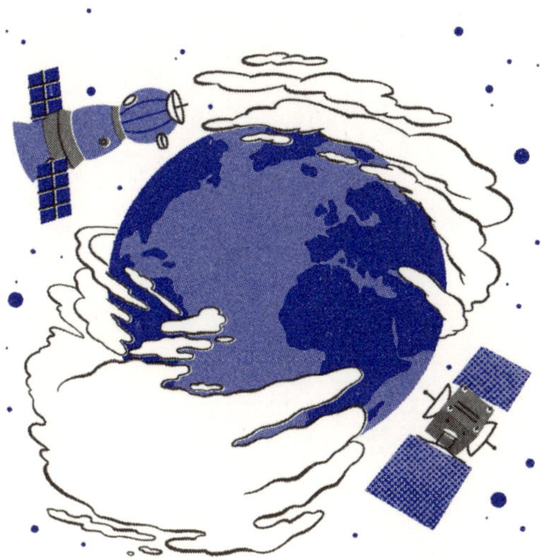

DIALOGO CON

CINZIA ZUFFADA

«Chi di voi conosce la storia di Hazel Hill?» chiese Elvina ai ragazzi delle scuole intervenuti al Festival delle Scienze di Cosenza, dove lei e Amalia erano state invitate per la presentazione di un loro libro.

«Era una ragazza inglese di tredici anni» spiegò, «con un talento speciale per la matematica. Siamo negli anni della Seconda guerra mondiale e le cose per gli inglesi non si stanno mettendo tanto bene, con l'aviazione tedesca che bombarda senza sosta le città d'Oltremanica. Il padre di Hazel lavorava nell'aeronautica militare e un giorno viene a casa con un problema: di quali armamenti dotare gli aerei militari inglesi perché siano in grado di contrastare quelli tedeschi? Hazel, sul tavolo della cucina e con dei rudimentali calcolatori, antenati dei computer, si mette a fare dei calcoli insieme al padre, lavorando giorno e notte fino a trovare una soluzione per poter installare sotto le ali dell'aereo mitragliatrici più leggere ed efficaci, che avrebbero dato agilità al velivolo e permesso di sparare più colpi al secondo. Quando al padre di Hazel chiedono come sia arrivato a quei calcoli e lui spiega che glieli ha fatti sua figlia, be', in molti non lo prendono sul serio. Come dare loro torto, del resto? La situazione è però talmente disperata, che adottano la soluzione di Hazel. Grazie ai nuovi aerei "Spitfire" così modificati, gli inglesi riescono a sconfiggere i tedeschi in varie battaglie. Quindi, se vi chiedete: a cosa serve la matematica a una ragazzina? Una risposta potrebbe essere: aiuta a sconfiggere i nazisti!»

I ragazzi in sala restarono muti, ma i loro sguardi brillavano d'interesse. La loro curiosità si accese ulteriormente quando Amalia raccontò la storia di Hedy Lamarr, l'attrice del cinema degli anni Trenta, allora considerata la donna più bella del mondo. Il suo volto ispirò quello della Biancaneve di Walt Disney. La seducente attrice aveva anche una singolare passione per l'ingegneria, coltivata quasi in segreto. Emigrata in America per sfuggire alle persecuzioni razziali perché di origine ebraica, durante la guerra si chiese cosa potesse fare in prima persona per rendersi utile, visti i tanti morti che la guerra stava mietendo. Con l'aiuto di un amico pianista, inventò un sistema per far parlare tra loro a distanza i sottomarini in modo sicuro e criptato, ovvero senza che i nemici potessero intercettare i messaggi. Hedy prendeva il messaggio, che altro non era che un'onda elettromagnetica, e lo montava su un'altra onda portante. Chi riceveva il messaggio, trovava una cosa tutta "svergolata" ma, conoscendo in anticipo la frequenza della portante, mandata in segreto dal mittente, poteva decriptarlo. La tecnica proposta si rivelò molto efficace. Anche se aveva depositato il brevetto, a Hedy Lamarr non fu riconosciuta la maternità di questa invenzione: figuriamoci, l'idea veniva da una donna, e per di più un'attrice... Il riconoscimento per il suo lavoro d'inventrice ci fu solo molti anni dopo, quando era ormai un'anziana signora.

«Ma perché questa invenzione è importante per noi oggi?» concluse Amalia. «Non certo per parlare con un sottomarino... A me, almeno, non è mai capitato di farlo. Il fatto è che questa invenzione è alla base delle trasmissioni Wi-Fi, quelle che adoperiamo tutti i giorni quando usiamo il nostro telefonino. Ecco perché la sua idea semplice e geniale ha avuto una portata fondamentale per la collettività.»

Il ritorno da Cosenza si rivelò per Amalia ed Elvina più complicato di quanto non si aspettassero. Per un eccesso di zelo da parte degli organizzatori del Festival, vennero riaccompagnate all'aeroporto con cinque ore di anticipo sull'orario di partenza del volo. Venne poi annunciato un ritardo, e dunque il tempo di attesa divenne davvero infinito. Ma madre e figlia non se ne preoccuparono, anzi, tutto sommato furono contente di avere quel tempo sospeso da passare insieme.

«I ragazzini di qui hanno le stesse curiosità di tanti altri che abbiamo incontrato» disse Amalia, «ma le domande che ci hanno posto erano diverse. Non so, erano più semplici e dirette.»

«E hai visto come brillavano i loro occhi mentre raccontavi di quelle donne del passato? Vorrei che il nostro progetto fosse capace di accendere in loro lo stesso entusiasmo, la stessa curiosità...»

«Le donne di oggi non hanno meno determinazione di quelle del passato. E quei ragazzini, per certi versi, mi hanno ricordato me da bambina. Anch'io sono cresciuta in un ambiente semplice dove la natura era onnipresente. Guardati intorno: gli ampi spazi vuoti, la campagna che circonda tutto... La mia infanzia era fatta di corse all'aria aperta, ginocchia sbucciate e di giri in bicicletta. Ho un po' di nostalgia di quel senso di libertà che mi dava la natura quand'ero piccola.»

Nell'attesa, mentre girovagava in rete alla ricerca di voci del presente da raccogliere e raccontare, Elvina s'imbatté in Cinzia Zuffada, un'ingegnere che dalle colline dell'Oltrepò Pavese volò in California e divenne una scienziata del Jet Propulsion Laboratory della NASA. D'accordo con Amalia, le scrisse subito una e-mail proponendole un incontro. Inaspettatamente Cinzia rispose subito e sin da quel primo scambio Elvina scoprì che anche Cinzia da bambina aveva applicato con spontaneità la ricetta di "immersione" nella natura evocata da Ersilia e da sua madre, e che questo influenzò poi il suo percorso di scienziata.

Quando, alcuni giorni dopo, Elvina la incontrò su Zoom, la prima cosa che le chiese fu dunque di raccontarle un po' com'era da piccola.

★

«Noi bambini giocavamo liberi in cortile» esordì Cinzia.

«In quegli anni, gli adulti erano tutti molto indaffarati, non avevano con i figli una relazione così attenta come quella delle mamme e dei papà di oggi. I miei genitori, che erano stati ragazzi durante la Seconda guerra mondiale, non avevano avuto la possibilità di studiare ma fecero parte della famosa generazione del boom economico che portò crescita e benessere in Italia. Erano piccoli imprenditori, lavoravano in proprio, ma senza tregua. E quindi per me e i miei amici – che a quell'epoca erano in prevalenza maschi – non c'era nessuna struttura e potevamo scappare nell'orto e da lì nei vigneti e su nei boschi, fino alla collina. Esploravamo. Conoscere la natura era meraviglioso: gli animali del cortile, gli uccelli, gli insetti, le lucertole, gli alberi, le foglie erano parte della nostra esperienza quotidiana. Essere costantemente a contatto con la natura da bambina credo che mi abbia molto aiutata a diventare quella che sono oggi, stimolando in me il desiderio di imparare e lo sviluppo della curiosità, che inizia proprio dall'osservare.»

La tua carriera si è costruita osando, come quella di mia mamma. Entrambe sembravate destinate, da ragazze, a diventare maestre, eppure, intimamente, eravate certe che il vostro destino fosse un altro. Quando e come hai varcato il confine per scoprire cosa ti attendeva oltre?

«Ai tempi, e parliamo degli anni Settanta, non c'era alcuna aspettativa riguardo al fatto che le ragazze potessero essere "protagoniste" della loro vita professionale al di fuori di poche aree tradizionali. Io ero molto brava a scuola, ma non ricevevo dalla mia famiglia o dalla mia comunità nessun riconoscimento particolare del mio potenziale che alimentasse la mia autostima. Infatti, venivo costantemente messa alla prova nel mio percorso. Però mi costruii alcuni vantaggi competitivi non banali: studiai bene l'inglese, mi diplomai al liceo un anno prima (facendo tutto il programma del quinto anno negli ultimi tre mesi del quarto), entrai in un prestigioso collegio universitario di merito a Pavia. Insomma, a diciotto anni i miei primi traguardi li avevo raggiunti, e tutti con le mie sole forze. Così sentii che potevo farcela. A ingegneria le ragazze erano cinque su cento iscritti. Ma erano certamente le più studiose e le più brave.»

Eh già, mi sembra di conoscerla questa storia… replicò Elvina. *Valeva all'epoca di mia madre, ma anche alla mia, tanti anni dopo.*

«Mi specializzai in Elettromagnetismo e telecomunicazioni. Mi sembrò allora una cosa socialmente "desiderabile" restare a lavorare in università, anche perché non sapevo cos'altro esistesse fuori ed ero disposta ad accettare anni di lavoro precario. Vinsi una borsa di studio per fare un'esperienza di un anno all'estero, destinazione California. Questo mondo totalmente diverso mi aprì tantissime opportunità, diede un significato nuovo alle scelte che avevo intrapreso. Al mio ritorno partecipai al concorso per ricercatore universitario e vinsi un posto nel dipartimento di Comunicazioni elettriche della facoltà di Ingegneria.

«Certo, a Pavia avevo avuto la fortuna di lavorare con un professore estremamente rigoroso e, a posteriori, devo dire che fu un bene per me conoscere quel rigore. Ma era ancora un'epoca in cui per fare modelli matematici con i computer serviva tanto lavoro di revisione e di correzione dei programmi, anche solo per visualizzare i risultati dei calcoli. Il pensiero che avrei dovuto aspettare molti anni prima di poter dirigere una ricerca tutta mia se fossi rimasta in università in Italia, dopo qualche anno mi fece propendere per l'America e il suo universo di possibilità (insieme al fatto che in quell'anno in California conobbi l'uomo che sarebbe poi diventato mio marito, anche se allora questo non era così scontato). Così lasciai il mio posto e mi trasferii a Los Angeles. Lì lavorai prima come ricercatrice nella Difesa e poi al JPL della NASA. In tanti anni di ricerca ho avuto la fortuna di potermi occupare di ambiti sempre nuovi e prima inesplorati.»

C'è un esperimento in particolare che ti sta a cuore più di tutti? chiese Elvina.
«Sì, un esperimento originale e pionieristico di riflettometria, ovvero di riflessione di onde elettromagnetiche (per intenderci, tipo un raggio di luce che si riflette su uno specchio). È ancora oggi una tecnica nuova, ma ci sembra molto promettente. Utilizziamo, come onda elettromagnetica, il segnale del GPS – che è il sistema di satelliti posti in orbita intorno alla Terra –, quello che ci permette con il telefonino di localizzarci, usare le mappe e trovare la strada di casa. Sono segnali già presenti a copertura quasi completa del globo, quindi in un certo senso "già pagati" che giungono dai satelliti sulla superficie della Terra e da questa poi sono riflessi. Con un ricevitore posto in orbita, dal funzionamento piuttosto semplice, raccogliamo il segnale riflesso. Questo ha delle caratteristiche che ci possono dare molte informazioni: se il segnale è forte vuol dire che dove è rimbalzato c'è molta acqua e dunque, per esempio, che lì c'è un terreno umido; un altro segnale ci può dire se ci sono forti venti sui mari; un altro ancora cosa c'è sotto la fitta vegetazione di una foresta tropicale. Essendomi occupata di progetti di ricerca legati alle scienze della Terra, ho fatto tantissimi studi, grazie alle osservazioni da satelliti. Abbiamo adesso a disposizione una serie di dati ottenuti da misurazioni precise su un arco di tanti anni. Abbia-

mo cioè una storia di cambiamenti. Questi dati, messi a sistema, li possiamo usare in modelli di previsione, per poter anticipare con una certa affidabilità cosa succederà in futuro.»

E cosa succederà alla nostra Terra, stando alle misure che voi avete rilevato dallo spazio e rielaborato nei vostri modelli? C'è qualcosa che ci deve preoccupare?
«Abbiamo potuto osservare dallo spazio, in modo chiaro e inconfutabile, che negli ultimi trent'anni è in atto un innalzamento del livello dei mari. L'altezza del mare non è mai costante, dipende da fattori dinamici e dalle maree, ma si può valutare una sua altezza media. E questa è in crescita, tutta la comunità scientifica concorda su questo e sulle cause: il fenomeno è dovuto a processi che sono il risultato dell'azione umana sulla Terra. Alcune delle zone costiere, come per esempio la Florida, sono destinate a essere in parte sommerse, e le popolazioni lì residenti a dover trovare delle nuove sistemazioni. Non è una questione semplice da risolvere.»

Caspita!
«Possiamo rilevare dallo spazio anche lo scioglimento delle calotte glaciali continentali causato dall'acqua dell'oceano, diventata più calda, che entra in contatto con la base dei banchi di ghiaccio.»

Il riscaldamento terrestre. Voi lo avete visto e misurato. Dunque è reale...

«Già. Ecco, io credo che per le nuove generazioni diventerà sempre più importante prendere consapevolezza di questi temi. Spendere la propria vita lavorativa in questi ambiti sarà una grande opportunità, con benefici sia per sé, sia soprattutto per la collettività. Occorrerà molta preparazione, sapersi mettere in gioco, districarsi tra le complessità e andare a cercarsi le occasioni. E dopo tanto impegno, finalmente accantonato quel "non sono all'altezza", potersi dire un giorno: "Ce l'ho fatta, sono dove non pensavo neanche lontanamente di poter arrivare".»

★

«Quello che ci dicono i satelliti è davvero prezioso» commentò Amalia a proposito di quanto Elvina le aveva raccontato di Cinzia e del suo vissuto. «Anche l'Europa e l'Italia, con le proprie costellazioni di satelliti per il telerilevamento, contribuiscono in modo essenziale all'arricchimento dei dati che illustrano il nuovo comportamento della Terra, dei mari, dell'atmosfera. Con l'osservazione dallo spazio valuteremo e mitigheremo gli effetti, fin dove ci sarà possibile, dei cambiamenti climatici in corso sulla Terra. Ora però rallenta, guarda quanto piove!»

Amalia ed Elvina erano in viaggio in auto sotto una pioggia battente con destinazione Schio, vicino a Vicenza. Erano state invitate a partecipare a due presentazioni, una alla sera e l'altra l'indomani mattina con le scuole, nell'ambito di un altro festival della scienza.

«Rallento, ma spero che arriveremo in tempo per stasera» rispose Elvina.

«Secondo me con 'sto tempaccio non ci sarà nessuno, chi glielo fa fare di uscire di casa per venire a sentire noi due...» gufò Amalia.

Elvina accese la radio, che annunciò un'allerta meteo per la pioggia e alti rischi di esondazione dei fiumi proprio nella zona del Vicentino.

«Andiamo bene... Chissà se riusciremo ad arrivare. Non vorrei doverci andare a nuoto... Rallenta!» insistette Amalia. Poi continuò: «Per mesi non piove e poi all'improvviso ci ritroviamo con un evento climatico estremo come questo. Per tanto tempo si è pensato che il cambiamento climatico non fosse di nostra competenza o di nostra responsabilità. Adesso sappiamo che non è così. C'è una responsabilità collettiva e anche individuale nelle azioni dell'uomo nei confronti della natura. E quelli che erano i temporali che da bambini ci spaventavano si stanno trasformando in cataclismi che provocano distruzione e vittime, con l'acqua che diventa una forza devastante.»

«Speriamo solo che non sia il nostro caso!»

Le due arrivarono finalmente a destinazione, un po' bagnate ma sane e salve. Però la città era effettivamente in parte allagata e le autorità avevano invitato la popolazione a restare a casa e chiuso le scuole. L'incontro serale era stato dunque annullato.

L'indomani mattina, cessata la pioggia, Amalia ed Elvina si presentarono all'appuntamento al Lanificio, un'antica fabbrica tessile trasformata in spazio conferenze e testimone dell'importante passato industriale della regione, dove l'acqua, sfruttata come forza "buona" per azionare i telai, era stata assoluta protagonista. Vennero accolte dal sindaco e da uno sparuto gruppo di coraggiosi che abitavano lì vicino e che erano potuti arrivare quasi a guado: «Non vi preoccupate» dissero gli organizzatori, «mettiamo subito in piedi una teleconferenza con tutti gli studenti». E così l'incontro con le scuole venne fatto da remoto, e Amalia ed Elvina riuscirono a rispondere alle tante domande di giovani interlocutori "invisibili" e a trasmettere il loro messaggio.

TUTE DA STAR

DIALOGO CON

CORINNA SPERANDINI

Dopo l'incontro con le scuole, sulla strada di ritorno e finalmente di nuovo sotto un bel cielo sereno, Amalia spiegò che tutta quella zona del Veneto un tempo era stata terra di industrie tessili.

«Purtroppo non si è conservato praticamente nulla di quelle fabbriche, la produzione è stata delocalizzata in Paesi dove la manodopera costa poco» continuò con tono amareggiato.

«Per fortuna, però, in Italia ci rimangono le teste pensanti e il buon gusto che ci contraddistingue nella moda» replicò Elvina.

«A proposito, sapevi che ci si può occupare anche di moda spaziale?» disse Amalia.

E così Elvina scoprì che tra le tante capacità degli italiani, c'era anche quella di disegnare abbigliamento per lo spazio, unendo l'innato gusto per il bello alle più alte e sofisticate tecnologie.

Corinna Sperandini ha fondato a Fano, nelle Marche, un'azienda unica al mondo – oltre alla NASA, ovviamente – che punta a vestire i futuri operatori nello spazio e i futuri turisti spaziali.

Grazie alla segnalazione di Amalia, Elvina la contattò per sapere di più del suo lavoro.

★

«Abbiamo dovuto innanzitutto fare venticinque corsi e superare altrettanti esami per poter accreditare la nostra società presso la NASA, l'ente spaziale americano» esordì Corinna. «In seguito abbiamo potuto fare richiesta di testare la nostra tuta sulla Stazione spaziale internazionale, la ISS. Generalmente ci vogliono due anni per compiere questo percorso; noi abbiamo studiato giorno e notte, superato gli esami in poche settimane e revisionato il progetto con la NASA per alcuni mesi, durante i quali ci hanno chiesto di tutto e di più. Ma ne è valsa la pena: per la prima volta in assoluto hanno autorizzato l'utilizzo di una nuova tuta innovativa. È la nostra Smart Flight Suit 2. Sai, abbiamo la testa dura, dalle nostre parti!»

Con quel piglio da imprenditrice che lavora sodo, chiacchiera poco e ottiene risultati, ereditato dalla nonna, Corinna si è inventata un nuovo brand per abbigliamento spaziale, tutto Made in Italy. La sua tuta non è solo bella e confortevole, è un prodotto tecnologico molto innovativo.

Come e quando nasce la vostra attività?
«Siamo un piccolo gruppo di persone che vengono dal mondo della moda e dell'industria dell'auto. Abbiamo competenze diverse, che spaziano dal design, ai materiali, alle tecnologie indossabili. Ci siamo detti un giorno: "Ma perché continuiamo a utilizzare gli stessi tessuti degli abiti dei nostri nonni? Il settore del tessile avrebbe bisogno di nuova linfa, in questo nostro mondo ormai permeato di tecnologia e di digitalizzazione".»

E perché nel settore del tessile e dell'abbigliamento si è rimasti un po' indietro?
«Secondo me non si sono ancora colti appieno tutti i vantaggi che deriverebbero dalla ricerca tecnologica. Noi abbiamo immaginato e poi realizzato l'abbigliamento tecnico per lo spazio, forse l'ambito più sfidante che esista, avviando campagne di ricerca sui materiali. E, partendo da ciò che si scopre, si può realizzare qualcosa di molto utile. Naturalmente nell'utile c'è il bello: siamo italiani e quindi sappiamo fare anche le cose belle.»

Come è fatta la vostra tuta spaziale? Se è quella che vedo in video alle tue spalle, in effetti mi sembra anche molto elegante, blu con le bordature nere...
«È una tuta per uso indoor realizzata con nuovi tessuti di cotone rivestiti da nanopolimeri, ovvero piccolissime

particelle di plastica. L'innovazione risiede anche nella costruzione del capo: mentre una tuta di solito è fatta di un corpo, due braccia e due gambe, in totale cinque pezzi, la nostra ne ha duecento, di pezzi. Questo per conferire il massimo comfort all'astronauta, rispettando gli standard di sicurezza. Non potremmo infatti usare nello spazio materiali elasticizzati tipo quelli che si utilizzano nei nostri jeans più comodi perché questi non sarebbero ignifughi: le tute spaziali non devono prendere fuoco in caso di incendio! Allora segmentiamo la tuta in tanti pezzi in maniera che questa si muova seguendo il corpo e non tiri mai. Le cuciture devono essere resistenti alla fortissima accelerazione della fase di lancio, quindi vengono realizzate con un sistema molto particolare, che ricorda quasi l'intarsio. Dire cucitura forse è riduttivo, è più un assemblaggio, proprio dove vedi quelle bordature nere, realizzato tramite nuovi sistemi che abbiamo studiato appositamente e che rivoluzionano il modo di costruire la tuta. Ci hanno aiutato in questo le sapienti maestranze che collaborano con noi, un patrimonio di competenze preziosissime.

«La tuta integra un dispositivo elettronico che monitora lo stato di salute dell'astronauta: se dovesse capitargli un problema, quale per esempio un calo di pressione, la tuta lo avviserebbe. Ovviamente è confezionata su misura, deve consentire libertà di movimento e termoregolazione (ovvero proteggere dal troppo caldo o dal troppo freddo), cosicché indossarla sia anche un piacere. Indossare un capo piacevole aiuta a sentirsi meglio, già la vita nello spazio è tanto difficile! E poi, quando ti intervistano dalla ISS in mondovisione, vorresti mai farti vedere con un tutone?»

Gli astronauti che hanno avuto l'occasione di indossare in missione le vostre tute, che riscontro ne hanno dato?
«Sono rimasti entusiasti. Ma per arrivare a questo risultato abbiamo impiegato tempo, fatica, impegno. Comunque ogni risultato si può sempre migliorare, tant'è che la tuta che ha volato a gennaio 2024 con la missione commerciale Ax-3 è realizzata con soluzioni di materiali, di costruzione e d'integrazione dei dispositivi elettronici più innovative di quelle della tuta che ha volato soltanto sei mesi prima. Inoltre stiamo lavorando alla sperimentazione dei tessuti che potranno essere impiegati in futuro per realizzare la tuta EVA, ovvero quella per le attività extraveicolari (quella con cui gli astronauti usciranno fuori dalle stazioni spaziali o dalle future basi lunari per fare esperimenti o manutenzione). Qui la sfida è diversa: i tessuti dovranno resistere a raggi cosmici e alla polvere lunare, che è altamente abrasiva. La complessità della tuta riguarderà tanti altri aspetti perché occorrono materiali compositi funzionali, collegamenti di comunicazio-

ne, autonomia di respirazione... I costi di ricerca e sviluppo saranno di molto superiori. Il nostro sogno, però, è che anche in queste future realizzazioni ci sia il tocco del Made in Italy.»

Quali ricadute vedi per la moda terrestre?
«Le ricadute sono fondamentali, e sono quelle che mi hanno spinta ad andare nello spazio. Di tute spaziali se ne realizzano pochissime all'anno, quindi stiamo già pensando a come diversificare la nostra attività. Noi siamo partiti sviluppando abbigliamento tecnologico personalizzato per il settore dell'auto: il primo prototipo realizzato è stato un giubbino intelligente con dispositivi elettronici integrati indossabili in grado di dialogare con l'auto. Purtroppo, seppur ben avviato, non è stato possibile sviluppare il progetto con finalità utilizzabili per tutti. Così, senza perdermi d'animo, ho pensato che per raggiungere obiettivi alti bisognava pensare ancora più in grande. Ho guardato allo spazio. Ovviamente quello che facciamo per lo spazio non è accessibile a tutti, ma le soluzioni innovative, utili e sostenibili che scopriremo, le dispiegheremo anche per il mondo del vestire quotidiano.

«Magari un giorno avremo una T-shirt che indossata al mattino è bianca, e di sera diventa nera. Fantascienza? No, tecnologia, sviluppata anche grazie alla ricerca spaziale. Questo è un esempio di qualcosa che potrà servire a noi sulla Terra, anche in ottica di sostenibilità ambientale.»

Ecco, questo è un punto importante. Il settore della moda e il cosiddetto "fast-fashion" hanno purtroppo una certa responsabilità nell'inquinamento del nostro pianeta. Cosa si può fare?

«Ahimè, nel settore dal quale provengo, il fashion, la sostenibilità è un po' come il fumo negli occhi. I cosiddetti vestiti fatti con materiali riciclati che troviamo presso alcune catene internazionali di moda spesso low-cost ci costano probabilmente molto di più, in termini di consumo di energia e di acqua, di quello che ci è costato realizzarli la prima volta. È il "green washing", dove chiunque, in assenza di una regolamentazione stringente e chiara, può dire che un capo è sostenibile anche se non lo è.

«Noi diciamo sempre che l'abbigliamento più sostenibile che puoi avere è quello che hai già nell'armadio.

«C'è infatti il problema delle sovrapproduzioni. Sai quanti capi di abbigliamento invenduti vengono spediti nei Paesi del Terzo Mondo e lì dati alle fiamme, per essere smaltiti? È assurdo.

«Quindi, per essere sostenibili, prima di tutto bisogna produrre e consumare meno, comprare meno e meglio. E poi, uniamo la tecnologia alle fibre naturali, come il cotone, la seta, la lana.»

Nonostante questo impatto negativo, il settore della moda esercita un grande fascino sui giovani. Quanti dicono: "Vorrei un giorno lavorare nel mondo della moda...".
«C'è un film fatto molto bene che s'intitola *Il diavolo veste Prada*. Lo conosci? Ecco, la realtà rappresentata nel film non è poi così romanzata. La moda è un settore in cui spesso ci sono visioni differenti tra i creativi e i manager, l'ambiente è molto competitivo, le date di uscita delle nuove collezioni si susseguono a ritmo frenetico, costruirsi una carriera presso i brand più blasonati è veramente difficile. Insomma, è un mondo in cui solo una grande passione rende sopportabili le molte criticità che presenta. Eppure...»

Eppure?
«Eppure, come per lo spazio, la moda attiene al mondo dei sogni. E le difficoltà fanno parte del fascino e della sfida. La nostra è la terra di Raffaello, uno dei più grandi artisti del Rinascimento – che meraviglia i cieli notturni che ha dipinto! Ogni grande artista prima sogna, poi realizza. Quindi il sogno è il motore di tutto: dell'arte, della scienza, della tecnologia. E dal sogno tutto è unito.»

Qual è il tuo sogno?
«Da imprenditrice, il mio sogno è quello di poter creare benessere per le persone, crescita personale e nuove

competenze. Inventare qualcosa di nuovo che prima non c'era e che possa facilitare o migliorare la vita di molti. Creare bellezza.»

★

«Hai visto le foto che ti ho inviato? Possiamo andare nello spazio con eleganza» commentò Elvina al telefono con Amalia. «Se una tuta spaziale serve per mantenere costante la nostra temperatura corporea, garantire il comfort e permettere agilità di movimento, questa potrà anche valorizzare la nostra figura ed essere gradevole alla vista, per farci sentire meglio.»

«Certo che l'essere umano è davvero complicato» commentò Amalia. «Perché non gli basta avere le cose di cui ha bisogno senza avere preoccupazioni. No, ha pure bisogno di sentirsi bene, di piacersi anche nelle situazioni più estreme come l'esplorazione spaziale... Io concentro l'attenzione solo sulle cose davvero importanti, perché per me conta solo quello che è essenziale. Lo so, sono decisamente fuori moda...»

MARTE DA UN'ALTRA PROSPETTIVA

DIALOGO CON

LILIANA RAVAGNOLO

«Ma perché devi andare fino a Torino per fare delle foto?»

«È così, devono farmi un ritratto con la mia omonima robotica.»

«Cioè? Non dirmi che hanno fatto un tuo clone robot.»

«No. Se mi accompagni, durante il viaggio ti spiego.»

Così Elvina ritornò a Torino con sua madre.

«Franco Ongaro un giorno mi telefonò dall'ESA» spiegò Amalia mentre Elvina guidava, «per dirmi che avrebbero dato il mio nome al rover per le prove in laboratorio per la missione ExoMars, in pratica il gemello di quello che andrà su Marte.»

«Wow, e tu come hai reagito?»

«Ero felicissima. Sai, il rover marziano era già stato intitolato a Rosalind Franklin, la scienziata inglese che scoprì e fotografò la doppia elica del DNA. Purtroppo non ebbe il riconoscimento che meritava, dato che la sua scoperta le venne scippata dai colleghi – maschi – che poi vinsero il premio Nobel, senza di lei perché nel frattempo era morta per una malattia.»

«Bella l'idea di dare ai rover nomi di donne che hanno avuto meriti scientifici. È un riconoscimento che ha valore per tutte le donne.»

«Di solito queste dediche sono fatte tutte alla memoria, ma questa volta c'era proprio la volontà di darlo a una donna ancora vivente. Così hanno scelto me.»

«Speriamo che non porti male...»

«Chissà, Marte è un pianeta maledetto... Tante missioni sono già fallite, e la nostra ExoMars che porterà il rover Rosalind Franklin sulla sua superficie è stata ritardata più volte. Ma ci arriveremo presto, ne sono convinta. E scopriremo tracce di vita sul pianeta rosso. Ci arriveremo poi anche con un equipaggio, che sarà in maggioranza femminile. Ci vorranno ancora degli anni, ma io dico che la prima bambina che andrà su Marte è già nata.»

«Ma il rover lo hanno dedicato a te per via della trivella?»

«Penso di sì, dato che la mia trivella che è andata sulla cometa con la missione Rosetta è stata un'eredità per ExoMars. Ma la trivella di cui sarà dotato il rover marziano, anche questa fabbricata in Italia, andrà molto più in profondità nel suolo e sarà un trapano-laboratorio, ovvero sarà in grado di fare analisi in tempo reale su quello che trova. Speriamo che gli scienziati vadano d'accordo su come usarla al meglio.»

«In che senso?»

«Non pensare che sia facile mettere d'accordo tutti gli scienziati e gli ingegneri che lavorano a una missione, io l'ho visto con la missione Rosetta. Ogni gruppo ha un compito specifico, ma ovviamente interagisce con tutti gli altri e spesso si vogliono rimettere in discussione le priorità.

«Proprio per questo entrano in gioco gli addestratori, per organizzare prima il lavoro delle squadre di scienziati, fare simulazione delle operazioni e testare le procedure che dovranno garantire il successo della missione, tenendo sempre conto della complessità delle relazioni umane.»

«Il lavoro dell'addestratore... è un mestiere legato al mondo dello spazio che proprio non ci si aspetterebbe.»

«Quando arriviamo a Torino ti faccio parlare con una persona che potrà spiegarti meglio questa professione così particolare.»

★

Mentre Amalia era presa per il suo shooting fotografico con la sua omonima robotica nel centro operazioni del rover della missione ExoMars, Elvina s'intrattenne con Liliana Ravagnolo, una psicologa che addestra gli astronauti e gli esperti di robotica spaziale. Si trovarono nel suo ufficio.

Liliana, immagino che da psicologa il tuo punto di forza stia nel vedere le cose da una prospettiva diversa rispetto a quella meramente tecnica degli ingegneri. Di che cosa ti occupi in particolare?

«Nel 2028 la missione ExoMars porterà il rover Rosalind

Franklin su Marte, per cercare forme di vita marziana. Nel frattempo ci si allena a fare lavorare insieme gli esperti che lo piloteranno e ne azioneranno gli strumenti scientifici, lasciandoli "giocare" con AMALIA, un gemello del rover Rosalind, collocato in un ambiente che riproduce quello marziano. Io, dal centro di controllo delle operazioni del rover che è qui dove siamo ora, sono alla guida del training di questi scienziati.»

Come sei arrivata a questo incarico così particolare?
«Io mi sono laureata in Psicologia del lavoro all'Università di Padova. E ho lavorato per dieci anni nella selezione del personale nell'industria aerospaziale, dove sono tuttora. Una volta diventata mamma della mia seconda bimba, decisi di mettermi alla prova e di candidarmi a un nuovo ruolo, quello di istruttore tecnico. Mi misero in mano il manuale di progettazione del modulo spaziale MPLM, il cargo italiano prodotto qui a Torino che faceva su e giù dalla Stazione spaziale internazionale per raccogliere i rifiuti e riportarli sulla Terra, e mi dissero: "Ora vai e insegna ai tecnici della NASA come usare il nostro modulo!".»

Una bella sfida: come hai fatto a districarti in un ambito che immagino fosse molto tecnico e specifico, partendo dalle tue competenze di psicologa e di manager delle risorse umane?
«E infatti non ne capivo assolutamente niente. Ma per

come sono fatta io, non mi lascio abbattere dalle difficoltà. Però era chiaro che avevo un gran bisogno di aiuto e così travolsi i colleghi di domande. Inizialmente sembrava impossibile che io potessi comprendere e fare mie questioni così tecniche. Invece, grazie alla capacità di entrare in relazione con gli altri e alle tecniche di coinvolgimento derivanti dalla mia competenza di psicologa, ho vinto tutti i pregiudizi, soprattutto di chi pensava che confrontarsi con me sarebbe stata una perdita di tempo. A volte spiazzavo i colleghi ingegneri con domande che non si aspettavano proprio, offrendo loro così, sempre con umiltà ed empatia, l'occasione di vedere le cose da un altro punto di vista. Scherzando, dicevo che se fossero riusciti a rendere le cose chiare a me, allora le avrebbe capite chiunque... Fu certamente impegnativo, ma anche utile e stimolante per tutti. Così, dopo mesi di preparazione, si avvicina la fatidica data per la trasferta in America per interagire con i tecnici NASA e istruirli a usare il nostro modulo cargo, quand'ecco che dall'Ufficio personale mi dicono che non potevo partire, perché io ero in part-time. "Sapete che c'è? Tenetevi il part-time!" risposi loro. E così sono partita per una lunga trasferta in USA, con al seguito due bimbe piccole e la nonna – che non parlava una parola d'inglese, ma, come me, non è una che si perde d'animo. Mia figlia ha festeggiato il suo quinto compleanno al Kennedy Space Center, facendo un giro sul simulatore dinamico dello Shuttle. Non male, vero? Altro che Disneyland! Peccato che non se lo ricordi più... Mio marito, che all'epoca lavorava come installatore di macchine utensili, era impegnato per sei mesi in Cina. Come avrebbe potuto contestare la mia decisione?»

In cosa consisteva l'attività di trainer?
«Con il supporto di un tecnico, spiegavo agli operatori di terra quale era la sequenza delle operazioni da fare per usare il nostro cargo "raccogli-immondizia". Saliva con lo Shuttle, veniva attaccato alla stazione e riempito come magazzino rifiuti durante i quindici giorni in cui stava in orbita lo Shuttle, e poi tornava giù con questo. Al volo successivo, ricominciava da capo. Ne avevamo realizzati tre: Leonardo, Donatello e Raffaello. Ci mancava Michelangelo e avremmo avuto le tartarughe Ninja al completo. Uno dei tre è stato alla fine trasformato in modulo permanente per la Stazione spaziale internazionale, che è fatta appunto a blocchi tipo un grande Lego.»

Oltre ad acquisire una conoscenza tecnica, immagino che sia stata una sfida anche imparare a insegnare a un pubblico eterogeneo.
«Tenere in considerazione gli aspetti di diversità culturale è stato rilevante per il mio lavoro. E proprio per andare in questa direzione, ho dovuto imparare a insegnare:

sono stata addestrata per essere un'addestratrice spaziale. Ci sono molte tecniche interessanti da acquisire per trasmettere informazioni a un pubblico eterogeneo per cultura e lingua, catturare l'attenzione e mantenerla, capire se chi hai di fronte ti segue e, se non è così, recuperarlo. Nell'ambito spaziale puoi immaginare anche la complessità delle situazioni. Quindi bisogna essere molto efficaci nell'insegnamento.»

Gli astronauti in generale come reagiscono ai training?
«Gli astronauti, in realtà, che siano europei, russi, americani o giapponesi, hanno delle competenze che sono molto più ampie di quelle che abbiamo noi istruttori. Noi siamo molto focalizzati sul nostro specifico sistema, per esempio un solo particolare della stazione spaziale, mentre loro hanno una visione più ampia. Pur essendo noi preparati, se l'astronauta decide di metterti in difficoltà ci riesce in cinque minuti. In generale, però, si rendono conto che noi stiamo facendo del nostro meglio per aiutarli a imparare a svolgere una precisa sequenza di operazioni (come, per esempio, agganciare il modulo cargo alla stazione spaziale), e quindi si approcciano al corso con grande disponibilità, ascoltando e facendo domande, che è sempre un modo per ampliare le proprie competenze.»

Invece oggi ti occupi di addestrare gli scienziati a lavorare insieme, per prepararli alle operazioni della futura missione robotica su Marte. Cosa prevede la missione e che differenza di approccio c'è tra astronauti e scienziati?
«Gli astronauti hanno tutti una forte personalità, ma anche gli scienziati non sono da meno. Oggi coordiniamo circa quattrocento scienziati europei, raggruppati in sette team, ognuno dei quali è responsabile di uno strumento scientifico montato sul rover Rosalind che atterrerà su Marte. Ovviamente ogni gruppo è convinto che il suo esperimento sia il migliore, e quindi vorrebbe avere più tempo di utilizzo a disposizione! Ma la potenza del rover per ogni giorno di operazioni è limitata, come pure la sua possibilità di trasmettere i dati alla Terra. Se un gruppo userà il rover spostandolo per avvicinarsi a una roccia marziana che sembra interessante, lascerà poca energia all'altro gruppo che voleva scattare foto e trasmetterle a Terra. Nelle simulazioni a terra che stiamo facendo ora, noi ci occupiamo dunque di sperimentare degli scenari di lavoro, per verificare che tutti gli esperimenti siano programmati e condotti in maniera ottimale, perché una volta che saremo lassù ci sarà poco margine per l'errore... Durante le prime simulazioni i team litigavano spesso tra loro, perdendosi in discussioni scientifiche eterne. Osservando le loro interazioni e dando loro un feedback, noi istruttori siamo riusciti, per esempio,

a far capire a tutti che c'è una finestra temporale che va rigorosamente rispettata tra il momento in cui al mattino arrivano i segnali da Marte e il momento in cui al pomeriggio devono essere spediti al rover i comandi per il giorno successivo. Se si tarda, si perde il contatto. Inoltre, c'è latenza, ovvero, per la grande distanza che ci separa da Marte, le telecomunicazioni arrivano e vanno con uno sfasamento temporale.

«Ma ora vieni, che ti porto a vedere la sala di controllo.»

Elvina seguì Liliana e dal suo ufficio arrivarono al ROCC, il Rover Operations Control Center. La grande sala disponeva di decine di scrivanie e grandi monitor. In quel momento era vuota, ma la si poteva immaginare brulicante di scienziati e delle loro speranze di scoprire nuovi e inimmaginati fenomeni nello spazio. Elvina notò un poster affisso a una parete.

«Ecco una foto del rover marziano Rosalind, intitolato alla scienziata Rosalind Franklin, il cui lavoro è stato fondamentale per la comprensione della struttura della molecola della vita, il DNA» spiegò Liliana.

Elvina e Liliana si spostarono nell'area adiacente, dove era stata riprodotta una porzione di suolo marziano, con tanto di sabbie e rocce rosse. Da una collinetta svettava il robot AMALIA, la gemella terrestre di Rosalind, la quale si trovava presso un'azienda partner del progetto, in attesa di partire per il suo lungo viaggio verso Marte.

«Ed ecco il gemello per le prove di laboratorio, il rover AMALIA. Immagino tu possa sapere da dove deriva il suo nome...»

Sì, una mezza idea ce l'ho!

«Tua mamma, essendo stata responsabile del progetto della trivella della missione Rosetta, ha anticipato sulla cometa 67P quello che si farà su Marte, ovvero trapanare il suolo, raccogliere campioni per cercare tracce di vita; il suo lavoro è stato di grande ispirazione.»

Come è fatto questo rover?
«Il rover è dotato di un trapano, che potrà scendere fino a due metri di profondità nel suolo marziano. Marte è molto battuto dalle radiazioni, ed è forse per questo che con le missioni precedenti sulla sua superficie non si sono trovate tracce di vita. Andando in profondità, forse si troverà qualcosa... Nella pancia del rover c'è un laboratorio portatile, dotato di tre strumenti che possono fare l'analisi in tempo reale: si preleva un campione di terreno, lo si distribuisce a questi tre strumenti e si ha subito la ri-

sposta sulla sua composizione chimica e fisica. Altri rover che sono già su Marte, come Perseverance, non hanno la possibilità di fare analisi in tempo reale, tant'è che lasciano qua e là dei campioni che verranno raccolti con la missione Mars Sample Return. Ma ci vorranno anni. Noi, a parte i ritardi che abbiamo accumulato, non ultimi quelli dovuti alla guerra tra Ucraina e Russia, che ha messo fuori dal progetto la Russia, prevediamo una durata di missione di circa otto mesi.»

Questo rover ha proprio l'aria simpatica. Al posto degli occhi ha delle telecamere. Ah, ecco, da lì uscirà la trivella. Sta dando soddisfazioni agli scienziati?
«Sì, risponde bene alle simulazioni. Anche se ogni tanto non sente ragioni e non obbedisce ai comandi di nessuno.»

Allora mi sa che non ha preso solo il nome dalla mia mamma…

★

Il mosaico di competenze femminili italiane nello spazio che Elvina si era proposta di comporre si stava arricchendo di tanti e sfaccettati tasselli colorati. Ma c'erano ancora dei vuoti da riempire, per completare il disegno, e in particolare a Elvina mancava una risposta alla domanda cruciale: di chi è lo spazio?

ASTRO-POLITICA

DIALOGO CON

SIMONETTA DI PIPPO

Di chi è lo spazio? Chi deciderà a chi apparterranno le risorse che verranno scoperte grazie all'esplorazione umana dello spazio? Elvina non poteva fare a meno di pensarci.

«Dovresti farti spiegare il quadro della situazione politica da Simonetta Di Pippo» fu la proposta di Amalia per soddisfare la curiosità della figlia. «Ci conosciamo dai tempi in cui io ero nel consiglio scientifico di ASI e lei era responsabile di tutti i programmi scientifici dell'agenzia. Tra l'altro all'epoca eravamo tra le poche donne in posizione di responsabilità. Erano gli anni in cui si stavano sviluppando i programmi Tethered, Rosetta, Giotto e tante altre missioni scientifiche importanti. È nato tra noi un rapporto di simpatia e di stima, abbiamo combattuto insieme tante battaglie per trovare le condizioni che avrebbero consentito di arrivare al successo delle missioni, lavorando nel definire le priorità.»

«Di che cosa si occupa oggi?»

«Simonetta è un'esperta di strategia delle attività spaziali, con un punto di vista molto ampio sullo scenario sovranazionale. Dopo l'ASI, ha lavorato all'ESA e poi a Vienna, alle Nazioni Unite, ma so che da qualche tempo è rientrata in Italia.»

Elvina si ricordò di aver già incontrato Simonetta Di Pippo ai tempi del suo dottorato.

Cresciuta "a pane e curiosità", astrofisica alla costante ricerca di nuovi stimoli e di cose da imparare, anche Simonetta poteva definirsi, in Italia, una "mamma" dello spazio, una pioniera. La prima donna, tra l'altro, chiamata a dirigere un direttorato dell'ESA, e la prima a capo dell'ufficio di politica dello spazio alle Nazioni Unite. Oggi è alla guida del Laboratorio di economia spaziale presso l'Università Bocconi di Milano.

Elvina le telefonò e si diedero appuntamento a Milano.

★

Sfilando tra i giovani aspiranti manager elegantemente vestiti, Elvina affrontò l'impresa non banale di trovare l'ufficio di Simonetta, muovendosi per il nuovo imponente edificio dell'ateneo milanese, tutto curve, vetri e scintillanti facciate in metallo traforato.

«C'è un trattato internazionale, che ormai ha più di cinquant'anni, che si chiama Outer Space Treaty, in cui lo spazio viene considerato un bene comune» spiegò Simonetta. «Dunque lo spazio non è di nessuno, è di tutti.

È un bene comune. Però vedremo come andrà a finire, perché se qui non mettiamo delle regole sull'esplorazione lunare, sullo sfruttamento delle risorse naturali degli asteroidi, o sull'utilizzo di certe orbite per i satelliti, potrebbe diventare il far west.»

Dunque il primo che arriverà, metterà la sua bandierina e dirà: questo è mio? chiese Elvina.
«Potrebbe succedere. Però io ho questa tesi: dato che tutti vogliono andare sulla Luna, ovvero Stati Uniti, Cina, Europa, India, Giappone e molti altri, usiamo la Luna come una palestra per fare degli esercizi di diplomazia. Tutti puntano al polo sud lunare, dove ci sono acqua, elio-3, terre rare, presenze indispensabili per la sopravvivenza degli esseri umani che lì lavoreranno e vivranno per periodi prolungati; ma lì le zone dove si può atterrare e da cui è possibile partire per esplorare non sono poi così tante, perché praticamente si deve stare sul bordo del cratere prescelto. Insomma, quella di interesse è un'area di circa seicentocinquanta chilometri di diametro, bisognerà mettersi d'accordo. Quindi la Luna, oltre che una palestra tecnologica, sarà anche una palestra di tipo politico.»

Tu ti sei appunto occupata di astro-politica. Credi che in futuro questa giocherà un ruolo sempre più importante?
«Assolutamente sì. Io sono convinta che il multilaterali-

smo, ovvero un'alleanza tra più Paesi che perseguono un obiettivo comune, sia la soluzione ai problemi. È importante anche una diplomazia preventiva e proattiva, cosa che oggi non sempre c'è. Quindi lavoriamoci prima, lavoriamoci adesso in maniera tale da arrivare pronti in futuro. Bisognerebbe anche capire che quando c'è la volontà, una soluzione si trova. Faccio un esempio: durante questo periodo di guerra tra Russia e Ucraina, USA ed Europa hanno imposto alla Russia blocchi e sanzioni, ma sulla Stazione spaziale internazionale si è continuato a lavorare come sempre. Qui convivono, tra gli altri, astronauti americani e russi. Si è verificata recentemente una situazione di rischio dove serviva un aiuto agli astronauti in orbita, perché una valvola perdeva e non si poteva effettuare il loro rientro come da programma. Da Terra, nonostante la guerra, americani e russi si sono parlati, hanno studiato una soluzione, hanno collaborato e infine hanno effettuato insieme la missione di soccorso, e i russi hanno avuto un ruolo primario in questo salvataggio. Tutto si può fare, se lo si vuole fare.»

Basta parlarsi: è allora questa la ricetta della diplomazia politica? chiese Elvina.
«Non è così semplice. Innanzitutto, quello che si vede da fuori non necessariamente è quello che succede, o quello che succede non è necessariamente quello che viene

raccontato. Quindi bisogna avere anche gli strumenti giusti per capire le questioni di geopolitica più ampie. Quando ho lavorato alle Nazioni Unite avevo a che fare con le istanze di centonovantatré Paesi del mondo, molto diversi tra loro dal punto di vista culturale. Un po' mi avevano aiutata le mie precedenti esperienze alle Agenzie spaziali italiana ed europea, dove avevo imparato a relazionarmi con delegazioni e persone di altre nazioni. Culture diverse certamente, ma comunque di matrice occidentale, invece quando metti seduti allo stesso tavolo indiani, coreani, australiani e sudafricani, per fare un esempio, a discutere e coordinare programmi spaziali, tutto diventa un po' più complesso. Ho dovuto dunque imparare a diventare più paziente di quanto non lo fossi da giovane!»

Ma non è forse questa una regola del gioco in politica, dove certe cose non le puoi dire in modo diretto, ma vanno edulcorate per cercare di portare chi ti ascolta dove vuoi tu?
«Durante una negoziazione è importante cercare di capire il punto di vista altrui e trovare quella che io chiamo la *best bad option*, cioè la soluzione di compromesso che più o meno accontenti tutti, pur non essendo esattamente quello che chiede una parte sola.

«Tra i vari episodi, ne ricordo uno in particolare con una delegazione molto preparata, i cui rappresentanti dicevano cose molto approfondite, eppure non si capiva dove volessero veramente andare a parare. Dopo un po', leggere tra le righe del loro discorso era diventato troppo faticoso. Allora io proposi di fare una pausa. Mi avvicinai a loro con un bel sorriso e delle belle tazze di caffè, e dissi: "Ma voi volevate dire questo, questo e questo?". Elencai quello che avevo inteso. Annuirono. Allora proposi di risederci, riaprire il confronto, e ripartire da questo, questo e questo.»

Bisogna dunque sapersi districare tra i diversi livelli di linguaggio, che cambiano da cultura a cultura?
«È così. Sono spesso culture e Paesi distanti da noi, che mediamente conosciamo poco... In generale, poi, c'è una tendenza a giudicare gli altri, è una cosa tipica del nostro quotidiano, giudichiamo senza sapere... Prendi per esempio anche l'India, che è da sempre un Paese spaziale. Certo è un Paese complesso e contraddittorio, da un lato la tragica povertà che tu vedi per strada, e dall'altro le basi spaziali con razzi lanciatori e avanzatissime capacità ingegneristiche. In effetti oggi, oltre alle grandi potenze, anche i Paesi emergenti o in via di sviluppo vogliono partecipare ai programmi spaziali. E questa è una cosa bellissima, purché ovviamente sia a fini pacifici.»

Simonetta, nel raccontare il suo percorso professionale, lasciava quasi l'impressione che tutto fosse scivolato via facilmente, avendo inanellato, uno dopo l'altro, importanti incarichi istituzionali e successi professionali. Superò brillantemente prove estreme, come il tuffo nel lago ghiacciato d'inverno dopo la sauna in compagnia degli astronauti in preparazione alla Città delle Stelle sopra Mosca; l'ammissione al club degli scienziati russi dopo certi impegnativi giri di vodka che le "segarono le gambe, ma non la testa"; l'istantanea promozione a valida interlocutrice da parte di Elon Musk, che è solito porre a chi incontra per la prima volta tre domande a raffica, proprio nell'atto di stringere la mano.

«Sinceramente non ricordo né le domande, né le risposte che diedi, ma evidentemente andarono bene. Non solo avemmo quella riunione, ma mi invitò a tornare in seguito. Fu circa dieci anni fa: quando tornai in Europa e raccontai in ESA quello che stava facendo Elon, in molti mi dissero che il suo programma era troppo ambizioso, e che non ce l'avrebbe mai fatta. Fu difficile convincerli che si stavano sbagliando. Credo proprio di poter dire che avevo ragione io.»

Simonetta confessò a Elvina come in realtà lungo il suo percorso abbia dovuto districarsi tra non poche situazioni complesse, da un punto di vista tecnico e scientifico, ma anche relazionale e politico. Non mancarono le "porte in faccia", a cominciare dal giorno della sua laurea in

Fisica: il professore, anziché presenziare come relatore alla discussione della tesi di Simonetta, partì alla volta di Bologna per presentare a un importante convegno il lavoro da lei svolto sul nucleo galattico attivo oggetto della sua tesi, "dimenticandosi" di citarla e di riconoscerne l'importante contributo sperimentale.

Quando ti trovi in una situazione scoraggiante, come fai a non arrenderti e a trovare di nuovo la fiducia in te stessa?
«Da sempre, sia che mi trovi davanti a situazioni difficili o un po' spiazzanti, sia che debba prendere una decisione davvero importante, mi chiudo in isolamento, non parlo con nessuno per ore, a volte per giorni. Al massimo leggo qualcosa d'ispirazione. Quand'ero piccola mi piacevano molto i romanzi di Jules Verne. È il mio modo per ricentrarmi: mi stacco dalla situazione per un po', e poi sono pronta per ripartire alla carica. E così feci il giorno della mia laurea. Non mi scoraggiai neanche quando non mi sostennero per una borsa di studio in America, dicendomi: "Tanto tu sei femmina, sarebbe una borsa sprecata". Questo in realtà mi diede la spinta per andare oltre, fino ad arrivare a lavorare per l'ente che sarebbe divenuto in seguito l'Agenzia spaziale italiana. Alla fine degli anni Ottanta, partendo da zero, creammo le basi per lo sviluppo dell'automazione robotica spaziale in Italia. Grazie alla collaborazione con le industrie italiane che

avevano già competenze di robotica, ovviamente non ancora per lo spazio, ma in altri ambiti come per esempio quello marino, arrivammo ai progetti del trapano che poi utilizzammo sulla cometa per la missione Rosetta e da lì a quello per Marte, che sarà sul lander della missione ExoMars per esplorare in profondità il suolo del pianeta rosso alla ricerca di tracce di vita.»

Sì, è un qualcosa che mi suona familiare... disse Elvina sorridendo e pensando a quanto lavoro sua madre Amalia avesse speso nella progettazione e nella gestione dello strumento che effettivamente, dopo dieci anni dal lancio nello spazio, perforò il suolo della cometa 67-P, a una distanza di cinquecento milioni di chilometri dalla Terra, alla ricerca degli elementi collegati all'origine della vita nel Sistema Solare.

In quel momento fece capolino nell'ufficio di Simonetta una giovane donna. Una cascata di capelli mossi e un sorriso luminoso.

«Vieni, vieni, Clelia» disse Simonetta. E presentò a Elvina Clelia Iacomino, ricercatrice presso il suo laboratorio ed esperta di astro-economia. «Passo il testimone a lei per continuare questa conversazione: mi scuserete ma ora ho una lezione in remoto da tenere all'Università di Abu Dhabi.»

SPACE ECONOMY

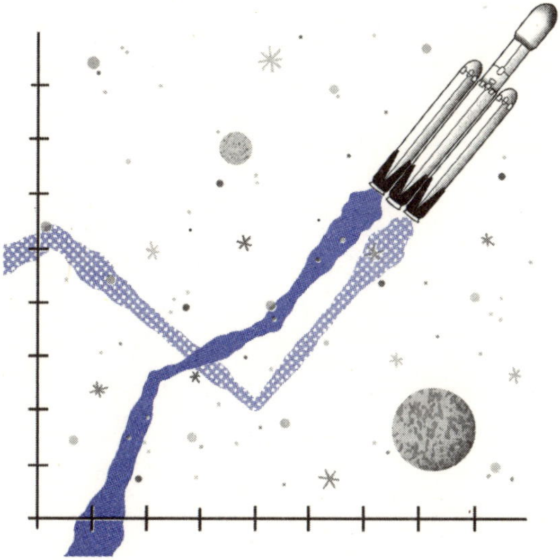

DIALOGO CON

CLELIA IACOMINO

Elvina e Clelia – la ricercatrice esperta di astro-economia – serpeggiarono lungo il corridoio tutto curve del nuovo imponente edificio dell'ateneo milanese, dirigendosi verso una saletta riunioni multimediale, dai cui grandi vetri – ovviamente ricurvi anche loro – si ammirava un bel giardino con siepi sinuose e, poco più in là sulla strada, una lunga fila di gente. Dritta. Elvina si soffermò per un istante.

«È la coda per il Pane Quotidiano, un'organizzazione benefica che distribuisce cibo a chi è in difficoltà» spiegò Clelia. «Tutte le mattine, quando scendo dall'autobus che ferma proprio lì davanti, vedo sempre tanta gente che sale o che scende con dei carrellini e poi si mette in fila. Io sottolineo spesso con i colleghi questo contrasto: qui siamo alla scuola dei manager d'impresa, un edificio meraviglioso e scintillante, con aule enormi, ristoranti, palestra, piscina, e pochi metri più in là c'è la distribuzione gratuita del pane per chi non ce la fa. Nel periodo del Covid c'erano addirittura intere famiglie in coda, non solo di immigrati, ma anche di milanesi. È una questione che mi sta molto a cuore.»

Ecco, parlavamo appunto con Simonetta dei contrasti. Allora non c'è bisogno di andare fino in India… replicò Elvina. *Ma secondo te, anche l'economia dello spazio è, in qualche modo, in conflitto con quelle che sono le priorità del nostro pianeta o con quelli che sarebbero gli investimenti più urgenti? Perché le ingenti risorse economiche necessarie per sviluppare i progetti spaziali, in fondo, potrebbero essere destinate ad altre cose: che ne so, per costruire ospedali o scuole…*
«Certo, si può sempre obiettare che i soldi spesi per lo spazio potrebbero essere spesi altrimenti» spiegò Clelia. «Lo spazio costa. Per definizione, la ricerca in settori innovativi è qualcosa che costa. Dunque lo spazio ancora di più, perché parliamo di tecnologie complesse. Quindi, secondo me, la questione è spendere i soldi in maniera più efficiente. Evitando magari di finanziare cose che già esistono, tenendo sempre a mente che lo spazio deve generare un valore pubblico, quindi deve essere al servizio della società.

«Abbiamo già tecnologie in orbita, allora cerchiamo di utilizzarle al meglio.»

Potresti fare qualche esempio?
«Il Bangladesh è purtroppo soggetto a inondazioni che molto spesso distruggono i raccolti. I dati satellitari già accessibili, se opportunamente rielaborati in sistemi predittivi di allerta, potrebbero però aiutare le persone che lì risiedono a evitare di vivere situazioni così drammatiche.

«Le tecnologie spaziali costano, è vero; utilizzarle bene diventa un dovere. Il problema è che oggi non ne siamo pienamente consapevoli, e per questo non vediamo ancora il ritorno dell'investimento.

«Un altro caso più vicino a noi: un produttore di vino toscano usa il dato rilevato dal satellite per meglio individuare le uve pregiate rispetto a quelle meno pregiate, così da scartare queste ultime. E quindi si genera un impatto positivo non solo sui conti dell'azienda, ma anche sull'ambiente, perché utilizza meno acqua e meno fitofarmaci.

«In Indonesia, osservazioni satellitari hanno permesso di liberare dalla schiavitù duemila pescatori, che erano obbligati a trasbordare il pesce pescato ormeggiando le loro imbarcazioni presso una grande nave cisterna in mezzo al mare che andava e veniva, mentre loro non potevano fare ritorno in porto dalle loro famiglie per diversi anni. Solo dal satellite si poteva vedere.»

Quindi alla domanda: "Cosa ci fai con lo spazio?" si potrebbe anche rispondere: "Combatto la schiavitù sulla Terra"!
«Sì!»

Okay, mi è chiaro: i dati dei satelliti possono diventare di uso comune, e generare valore per tutti. Ma, invece, quali sono i benefici collettivi collegati alla Space Economy, ovvero alle missioni di esplorazione dello spazio, come sulla Luna e su Marte, oltre alle ben note ricadute tecnologiche?
«La Space Economy si basa su attività e sull'utilizzo di risorse che creano valore e benefici per la società. Questo ambito comprende una vasta gamma di attività, dall'utilizzo dei dati satellitari alle missioni spaziali dedicate all'esplorazione e alla ricerca scientifica. Si discute già da alcuni anni su come utilizzare le risorse presenti su altri corpi celesti oltre la Terra: asteroidi, Luna, Marte. L'accesso alle risorse naturali disponibili sulla Luna, come le terre rare che ci servono per far funzionare i nostri smartphone – e che attualmente sono quasi esclusivamente in mano alla Cina con tutta una serie di possibili conseguenze problematiche –, potrà aiutare ad attutire i problemi da un punto di vista geopolitico, sopperendo alla scarsità di risorse disponibili sulla Terra.

«Catturare la luce del Sole, e quindi energia pulita e costante, con un grande satellite posto in orbita alta e convogliarla a Terra potrebbe portare importanti benefici, considerando che avremo sempre più bisogno di energia prodotta da fonti non inquinanti. Anche in questo caso servono tanti soldi e cooperazione tra diverse nazioni. Mettendo al centro della questione il cittadino, ovvero veicolando gli investimenti su cose che effettivamente possono essere utili per la società, si arriva alla generazione di valore pubblico sociale.»

Tu nello specifico di cosa ti occupi qui alla Bocconi?
«Faccio attività di ricerca economica. Lavorando a fianco della professoressa Di Pippo e facendo tesoro della sua esperienza in ambito internazionale e con istituzioni pubbliche e soggetti privati, mi definirei un'attenta osservatrice delle varie dinamiche del settore spaziale, soprattutto su come i governi si sono comportati in questo settore nel corso della storia. Mi sono interrogata sul perché ci sia una differenza significativa tra America ed Europa, dove la prima è leader, e la seconda è follower. Le politiche di innovazione devono considerare anche la domanda potenziale e la commercializzazione delle tecnologie. È importante incentivare le aziende emergenti e gli investitori privati nel settore spaziale, data la redditività che i servizi satellitari, per esempio, possono generare.

«Per far sì che domanda e offerta si incontrino, l'ecosistema europeo ha bisogno di una forte spinta da parte delle istituzioni pubbliche, che devono promuovere la consapevolezza e l'adozione delle tecnologie satellitari tra nuovi clienti commerciali.»

Qual è stata la risposta in Italia?
«Nel contesto italiano la risposta di fronte alla disponibilità di dati satellitari non è stata molto positiva. A parte i soggetti istituzionali, pochi attori privati o commerciali li utilizzano, non si ha ancora la percezione di quali possano essere i benefici economici, sociali e di generazione di valore pubblico.

«Il salto tra noi e l'America è notevole. Per capirne di più, abbiamo analizzato le scelte politiche dei governi. In America sono state fatte scelte più rischiose: lo Stato da "imprenditore" – ovvero da colui che ci mette tanti soldi pubblici per sviluppare il settore – cambia un po' il suo ruolo e diventa "cliente". Lascia libertà al privato di assumersi i rischi tecnologici e finanziari, in un contesto di competizione tra imprese, permettendo loro di generare innovazione e profitto. La NASA, ente governativo, ora compra i servizi di lancio nello spazio dall'azienda privata di Elon Musk, in un quadro di accordi che incentivano altri investitori "a salire a bordo" e a metterci ulteriori soldi. Generando ulteriore innovazione tecnologica.»

Che sappiamo essere molto costosa! E in Europa?
«Qui in Europa abbiamo un meccanismo che ancora

non agevola la competizione. L'innovazione spaziale si appoggia sullo Stato "mamma", cioè sulla domanda istituzionale che però non darà mai la stessa spinta. In più in America la disponibilità di soldi e di finanziamenti è di tutt'altra scala. Comunque anche da noi iniziano a intravedersi dei modelli di accordo tra pubblico e privato per le attività di esplorazione spaziale, quindi ad alto rischio tecnologico e finanziario, dove i soggetti istituzionali mettono una parte dei soldi e l'altra è messa dai privati. Le imprese a oggi non sono del tutto pronte a fare questo, perché sono state abituate ad altri tipi di approccio. Banche e fondi di investimento non conoscono ancora bene il settore dell'esplorazione spaziale. Quindi c'è bisogno di diffondere la conoscenza anche presso questo mondo, e capire quali sono i modelli di contratto migliori promossi dalle istituzioni pubbliche per agevolare l'entrata di investitori privati.»

Certo che, per competere su questo piano, l'Italia non potrà andare da sola, serve una vera coesione a livello europeo. E abbiamo visto, anche sul fronte della difesa – che per altro è intimamente legata alla questione dello spazio ed è diventata più urgente con la guerra in corso ai confini dell'Unione Europea – che non è che ci si riesca a mettere molto d'accordo…
«Verissimo. Con l'astrofisica Patrizia Caraveo ho avuto il piacere di seguire uno studio dove si sottolineava

la frammentazione istituzionale in Europa. Questo è il problema: abbiamo tante "parrocchie": l'ESA, le agenzie spaziali nazionali, la Commissione europea; tutto questo crea una mancanza di visione comune. L'Italia va da una parte e certe volte la Francia dall'altra. C'è sì cooperazione, come sulla Stazione spaziale internazionale, ma anche competizione tra gli Stati membri dell'Unione Europea. Diventa complesso parlare di *governance* a livello europeo. Tra l'altro, appunto come dicevi, ci manca un meccanismo di difesa unico, gli interessi sono frammentati. Mi rendo conto che un cambio culturale sia faticoso, però io sono molto schietta: credo che un cambio di generazione aiuterebbe a sciogliere questi nodi. I giovani hanno nuove idee che potrebbero portare sul tavolo e velocizzare un cambiamento. Da noi c'è un po' una barriera, perché "i grandi" che hanno costruito il settore dello spazio, a cui dobbiamo tutto, non lasciano posto alle idee giovani.»

Non dirlo a me, ne ho una in casa: mia mamma ha ottantasette anni e ancora non molla. Da un lato è ammirevole la sua dedizione, ma dall'altro vorrei sentirla urlare: "Largo ai giovani!".
«In America infatti è piuttosto diverso, e anche questo ci allontana nella corsa allo spazio. L'ho toccato con mano quando ho lavorato come consulente per il governo italiano, che ha facilitato un confronto tra imprese americane

e imprese italiane del settore dello spazio. Da osservatrice, ho proprio notato che da un lato i responsabili delle aziende americane erano giovanissimi, freschi e con un bel po' di grinta; dall'altro, i nostri soliti noti. Non parlo delle loro competenze, evidentemente preziosissime, ma proprio di una differenza di approccio. Non dico neanche che dobbiamo seguire il modello americano, perché l'Europa ha un'altra storia, ma fare largo ai giovani anche nelle posizioni più rilevanti potrebbe essere uno spunto efficace per scardinare determinati meccanismi, che di fatto ci ingessano un po'.»

★

Elvina fu felice di scoprire da Simonetta e Clelia che tra i lavori spaziali non c'erano solo la tecnologia e la scienza, ma anche la politica e l'economia. Anzi, capì che questi due ambiti sarebbero diventati sempre più importanti e cruciali in futuro, perché ci sarà bisogno di competenze per districarsi tra leggi, trattati, accordi internazionali, contratti tra pubblico e privato, piani di business, ritorno degli investimenti. La cosiddetta "nuova economia dello spazio" potrà essere un affascinante terreno per i giovani per cimentarsi in nuovi e sfidanti mestieri.

E nel quadro della nuova economia dello spazio, Amalia era certa di come si sarebbe mossa l'Italia con le sue industrie. Gli italiani e le italiane, pur non avendo accesso alle stesse risorse economiche e finanziarie e muovendosi in un contesto che non viaggia alla stessa velocità tecnologica degli Stati Uniti, avevano una dote speciale: flessibilità, prontezza nell'adattamento e un'innata capacità di alzare lo sguardo per immaginare nuovi mondi.

UNA COSTELLAZIONE DI INGEGNERE

DIALOGO CON

RAFFAELLA TONTINI - CRISTINA LEONE - LAURA ESPOSITO - ELENA TOSON

Elvina, come una piccola vedetta lombarda, aveva puntato un cannocchiale sull'Italia (e oltre) alla ricerca di competenze femminili nello spazio, e a mano a mano che proseguiva nella sua indagine appariva sempre più chiara all'orizzonte una "costellazione di stelle", quella che aveva evocato all'inizio a Busalla. Già baluginava nel cielo. Dalle "ragazze della Luna" che aveva avuto modo d'incontrare aveva raccolto sorrisi, speranze e sguardi che, appunto, non mancavano mai di puntare in alto.

Tra questi ce n'erano ancora quattro che desiderava assolutamente raccontare a sua madre, sfruttando l'occasione di un altro viaggio insieme, questa volta con destinazione Toscana per partecipare come relatrici d'onore a un incontro serale nella piazza di un borgo medievale.

Mentre Elvina iniziava il racconto, Amalia pensò che la figlia si era resa "indipendente", cioè non aveva più bisogno del suo input iniziale per sapere dove andare a cercare. Ne fu felicemente sorpresa. Ma soprattutto fu contenta di rivedere nella figlia quello slancio e quella passione nel voler testimoniare, anche attraverso le storie di altre, che "le ragazze ce la possono fare", ovvero che le ragazze possono avere successo e soddisfazione personale nei lavori della scienza e della tecnologia, e dare un contributo importante alla crescita e allo sviluppo della società. Insomma, che le ragazze possono farsi spazio.

"In effetti è diventato proprio il nostro progetto" pensò tra sé e sé Amalia lungo la strada. "Siamo partite con il raccontare il successo di tante donne nelle scienze e abbiamo finito per riscoprirci. Sono certa che alla fine di questo viaggio non mi considererà più solo quella faticosa madre dura e autoriferita..." si disse, ridacchiando tra sé e sé.

«Perché sorridi, mamma?» le chiese Elvina.

«Niente, niente...» fu la sua risposta. Ma Elvina sentì finalmente di aver trovato la sua approvazione.

★

«Si pensa spesso che noi ingegneri siamo monocolore, ma non è vero. Io ho sempre fatto un sacco di cose variopinte: corsi di cucina, concorsi di torte monumentali, bricolage, cucito creativo, al punto che era un po' difficile starmi appresso...»

Raffaella Tontini è un'ingegnere simpaticissima che costruisce motori e razzi spaziali vicino a Roma.

«Lavoro da più di vent'anni nella stessa azienda, ma è come se avessi cambiato tante vite. Quando all'inizio sono entrata a lavorare in fabbrica, l'ambiente era decisamente maschile. Non ti dico le battute degli operai che vedevano una giovane ragazza calata come una marziana nelle linee di produzione. Però poi il pensiero trasversale tipico femminile, la capacità di gestire più cose contemporaneamente, l'empatia, l'umiltà nel chiedere e nell'ascoltare, raccogliendo spunti di miglioramento dai colleghi anche con due chiacchiere alla pausa caffè, il fare squadra finalizzato a una vera condivisione, mi hanno aiutata a costruire una mia credibilità e una mia professionalità.

«Quando ho iniziato a lavorare io, era un momento di svolta per l'azienda, con l'avvio del progetto Vega, il lanciatore spaziale versatile, preciso e "leggero" per portare i satelliti nelle orbite basse, ovvero quelle comprese tra ottanta e duemila chilometri. Per me è stato appassionantissimo: mettere mano al motore del razzo, agli ugelli, alle turbopompe, coordinare i fornitori e gestire una squadra, per arrivare infine tutti insieme con il naso all'insù a guardare con ansia e trepidazione accendersi e lentamente salire in cielo in una scia di fumo il risultato del nostro lavoro. È difficile da spiegare, ma quando dalla rampa di lancio dello spazioporto europeo di Kourou odi quel rumore e senti quegli odori è una sensazione che ti cambia la vita, e rivedi in un attimo anni di duro lavoro, studio e sacrificio.

«Certo, non sono mancati i fallimenti, in qualche lancio il nostro razzo è andato distrutto. Ci siamo fatti il pianterello, poi, il giorno successivo, pizza, gelato e via, si ricomincia. Cadere sì, ma rialzarsi subito: è importante imparare dai fallimenti per fare ancora meglio. Il sacrificio fa parte del gioco, ma va a braccetto con la passione.

«Per fortuna condivido entrambi con mio marito Roberto, che lavora nella mia stessa azienda (ci siamo conosciuti qui, sai, dovevo unire l'utile al dilettevole!) e da lui ho avuto sempre tanta comprensione.

«Una delle conseguenze di questa dedizione è che nostro figlio era spesso con la tata Tharushi (il cui nome per combinazione significa "stella"), e a un certo punto parlava un fluente srilankese... Per fortuna poi ha recuperato bene anche con l'italiano, forse grazie all'altro aiuto, quello dei nonni.

«Per un periodo, infatti, ho girato il mondo per lavoro. America, Russia, Giappone: improvvisamente mi sono ritrovata i figli grandi... Loro non me lo hanno mai rinfacciato, perché in realtà siamo uguali, hanno preso molto da me... Siamo tutti un po' folli. I nostri pranzi della domenica sono conditi a base di racconti su Luna e Marte, a casa i nostri film preferiti sono *Star Wars* e ultimamente *Oppenheimer*, il film che racconta le origini della bomba atomica che ha posto fine alla Seconda guerra mondiale. Lo abbiamo rivisto quattro volte.

«Forse per le recenti guerre alle porte dell'Europa, ho notato che oggi i ragazzi sono molto attenti e sensibili alla tematica della difesa, cosa che non mi sembra valesse per noi da piccoli. La loro eco mediatica è una triste e pesante fonte di preoccupazione per i ragazzi. Ricordiamoci che l'industria spaziale ha un ruolo determinante per la difesa: i razzi che noi realizziamo hanno lo scopo di portare in orbita i satelliti per le telecomunicazioni e l'osservazione della Terra, che sono dispositivi chiave per la difesa. Su questo l'Italia gioca la partita in prima linea.»

★

«Una delle ultime proposte che abbiamo presentato è un progetto di sicurezza spaziale, una nuova frontiera della tecnologia. Si tratta di monitorare lo spazio dallo spazio, con lo scopo di proteggere i nostri satelliti in orbita. Oltre alla minaccia dei detriti spaziali che, colpendoli, potrebbero danneggiarli, c'è anche quella di eventuali attacchi ostili da parte di altri satelliti dotati di bracci robotici. I satelliti sono infrastrutture strategiche per la difesa.»

Cristina Leone, ingegnere elettronico e responsabile dei programmi di ricerca del più importante gruppo di aerospazio e difesa italiano, descrive uno scenario da guerre stellari. Non preoccupiamoci: Darth Vader non è alle porte della Terra e quella che vediamo in cielo di notte è davvero la Luna, non la Morte Nera. Tuttavia, ci sono minacce a cui è bene porre attenzione, visti i venti di guerra che soffiano in varie parti del mondo. Da qui l'idea di dotare i satelliti di scudi di protezione e progettarli per identificare pericoli di collisione o attacco esterno e, nel caso, metterli nelle condizioni di spostarsi in autonomia.

«Noi viviamo già in una vita spaziale; a mio avviso non esiste oggi alcun business che non abbia una componente spaziale o che non ne necessiti una per svilupparsi in futuro. Per esempio, penso a un blackout della rete del GPS mondiale, per un attacco di satelliti ostili: che cosa potrebbe comportare? Non funzionerebbero più le app di mappe stradali, faremmo un salto indietro nel tempo. Oppure cosa succederebbe in un ospedale senza i sistemi di telecomunicazione, che dipendono intimamente dai satelliti?

«Noi, attraverso la tecnologia, proteggiamo la pace. Siamo di fatto un'azienda ad alta tecnologia che, continuando a investire, sviluppa dei sistemi per proteggere il nostro Paese. Abbiamo, per esempio, laboratori di intelligenza artificiale e calcolo quantistico che ci proiettano verso il futuro. E questo futuro deve essere accessibile alle ragazze, che non devono sentirsi limitate a priori perché "le materie scientifiche non fanno per loro".

«E lo dico come ragazza che è arrivata nel laboratorio di radiofrequenza di un'azienda aerospaziale e che ha progettato apparati di bordo per la trasmissione e la ricezione delle informazioni dovendo guadagnarsi la fiducia dei colleghi uomini e dimostrando con i fatti di essere in gamba come loro. Anzi, forse lavorando di più. Per questo oggi ci tengo molto che le ragazze si appassionino alle materie STEM e che abbiano le stesse possibilità dei ragazzi. Basta non autoimporsi dei limiti: come non c'è nello spazio, un limite non ci deve essere neanche nei percorsi professionali delle ragazze.

«Negli ultimi anni secondo me tante cose sono cambiate, e sono molto positiva su questo. Non c'è la parità, chiaramente, ci vorranno forse altri cento anni. Però già oggi uomini e donne che lavorano insieme sono sicuramente molto più efficaci di una donna da sola o di un uomo da solo. Il mio mestiere, come la maggior parte di quelli tecnici, data la complessità, si fonda sul lavoro in team e se ci sono più punti di vista diversi è sicuramente un arricchimento per tutti. Non è sempre facile farli convergere, ma si può fare. Tutte le grandi aziende tecnologiche stanno lavorando per introdurre dei cambiamenti di natura culturale, soprattutto sul piano della parità di genere. I giovani che entrano ora in azienda forse la danno già per scontata, però bisogna vedere cosa succederà nella progressione delle carriere, perché oggi sappiamo che nelle posizioni ai vertici c'è ancora una grande disparità tra uomini e donne. Quindi serve una base più larga di donne che lavorino nella tecnologia. E poi, oltretutto, questo rappresenta un grande valore per le imprese.

«Un gruppo industriale come il nostro dovrà assumere nei prossimi cinque anni più di diecimila persone, tra ricambio generazionale e nuovi business che verranno attivati, e c'è una grave carenza di competenze STEM, sia maschili sia femminili. Il mio sogno sarebbe di riuscire a iniettare nel mercato una forza lavoro di tantissime ragazze appassionate a queste materie, riservando loro, in questo modo, la possibilità di lavorare da subito, e dunque di diventare indipendenti: secondo me questo potrà impattare anche sulla condizione della donna nella società. Per questo la comunicazione è importante, e stiamo lavorando nelle scuole perché le bambine, attraverso giochi di gruppo ispirati alle missioni spaziali che alimentano la loro innata curiosità, si allenino a fare da capisquadra. E sono bravissime a farlo.»

★

«In futuro ci sposteremo da un punto all'altro con dei droni elettrici a guida autonoma, teleguidati con l'aiuto di satelliti in orbita nello spazio. Alcuni progetti per sperimentare questa mobilità aerea avanzata sono già programmati per eventi eccezionali, come le Olimpiadi. Prima che il trasporto di persone con droni diventi realtà, ci si sta allenando trasportando cose o monitorando il territorio.

«Per i droni che sorvolano la superficie della Terra» ci spiegato Laura Esposito «è fondamentale il supporto dei dati che arrivano dai satelliti. Possiamo unire le immagini catturate dai satelliti nello spazio – che osservano aree molto vaste – a quelle a maggiore risoluzione dei droni che volano in cielo su aree più piccole, e ottenere così un quadro ampio e al tempo stesso dettagliato di un fenomeno. In questo modo, un pilota a terra può guidare un drone arrivando anche dove non ha visibilità per la presenza di ostacoli, volando con precisione e in sicurezza. Oppure è possibile monitorare in modo automatico le strutture di un ponte stradale e avere informazioni preventive su possibili danni, senza che ci sia bisogno di mandare un operatore sul posto; o identificare inquinamento di suolo e mare, avere informazioni utili e in tempo reale per la gestione di emergenze ambientali, come terremoti, alluvioni e incendi, limitando i rischi per le squadre di soccorso. La sfida sta nella creazione degli algoritmi che processano i dati e le immagini acquisite e li trasformano in informazioni utili.

«In agricoltura, un nostro servizio di sorvolo con droni e rielaborazione dei dati satellitari permette di identificare su migliaia di ettari di campi di mais il punto preciso in cui cresce una pianta infestante e tossica. L'informazione è trasmessa tramite app all'agricoltore, che può andare a estirparla, evitandogli il rischio di avere in mano un raccolto che altrimenti sarebbe inutilizzabile per una questione di sicurezza alimentare.

«Stiamo poi sperimentando un servizio di consegna farmaci tramite drone per gli abitanti di alcune località difficilmente raggiungibili in Abruzzo.

«In altre parti del mondo, questo tipo di servizio, ovvero la consegna di farmaci e più in generale di pacchi a domicilio con drone, è già partito su aree ben più estese, ma questo apre numerose nuove questioni legate alla sicurezza e alla privacy: non tutti potrebbero gradire il fatto di avere un oggetto dotato di telecamere in volo sopra la propria testa e bisogna giustamente tenerne conto. La questione della cybersicurezza e della protezione dei dati è particolarmente delicata, e questo è valido in tanti ambiti. Penso al valore dei dati che si generano con l'utilizzo dei telefonini: i post sui social media, le foto, gli spostamenti, cosa piace o non piace. Sono ormai tutte informazioni tracciate. Non sempre si sa dove queste finiscano, né si conoscono i rischi correlati a un utilizzo non controllato dei dati personali.

«Il dato e l'immagine hanno un valore che va assolutamente tutelato. Se ci fosse un guasto o un furto di dati dal nostro Centro spaziale del Fucino in Abruzzo – una distesa di centinaia di antenne colossali che costituiscono il più importante "teleporto" al mondo, un'infrastruttura critica nazionale da cui si controllano i satelliti in orbita – sarebbe un disastro. Ma anche restando più vicini alla nostra vita quotidiana, che cosa succederebbe se qualcuno mandasse in giro foto che non vorremmo far vedere o divulgasse tutte le nostre password?

«Credo che qualche riflessione in più andrebbe fatta a scuola o in famiglia su questo tema relativamente nuovo: io ho due bimbi piccoli ed è sicuramente un argomento che proverò a spiegare loro quando avranno in mano uno smartphone o un tablet, concordando per esempio quali informazioni, immagini e video è bene condividere e quali no.

«Come gli algoritmi d'intelligenza artificiale consentono di riconoscere su milioni di foto la presenza di una pianta infestante, così noi, con la nostra "intelligenza naturale" possiamo riconoscere la ricchezza di ogni singolo dato, riflettere sull'utilizzo che potrebbero farne terzi e valutare, in modo autonomo, l'uso più adeguato di ogni informazione. Spero di riuscire a trasmettere ai miei figli questa consapevolezza. Mi viene in mente mio papà, che quand'ero piccola mi raccontava di motori di aerei, di cui è molto appassionato. Direi che qualcosa di questi suoi racconti io l'abbia fatto proprio mio...»

★

«Da piccola fantasticavo con la mente, e immaginavo di salire su un razzo e girovagare per lo spazio alla ricerca di risposte ai tanti perché tipici della vita di una bambina. Mi dava una grande emozione immaginare di vagare per un mondo buio e ignoto: da un lato ne avevo paura e dall'altro ne ero estremamente attratta.»

Elena Toson, crescendo, ha scoperto che l'ingegneria spaziale non solo l'avrebbe aiutata a capire le dinamiche degli astri e come raggiungerli, ma le avrebbe insegnato un metodo di ragionamento utile per trovare risposte alle tante domande della vita.

Oggi Elena continua a fantasticare e a porsi domande. Ma c'è una domanda, fra tutte, che più le sta a cuore: come possiamo migliorare e rendere sostenibili nel tempo le operazioni nello spazio e i servizi che i satelliti ci offrono?

Dopo un certo suo peregrinare, è tornata a vivere nella campagna veneta, dove era nata ma da dove era fuggita, per restarci stabilmente con il marito e le figlie e dedicarsi al suo lavoro. Chi l'ha detto infatti che un buon ingegnere aerospaziale debba ambire per forza alla NASA, all'ESA o alle grandi aziende multinazionali? Elena ha scelto di tornare nella provincia padovana per contribuire a creare qualcosa di nuovo per lo spazio, qualcosa che si fonda saldamente sul principio della sostenibilità. Lavora in una piccola azienda di alta tecnologia, nata come *spin-off* dell'Università di Padova, che sviluppa innovativi sistemi di propulsione spaziale, ovvero sistemi per "spingere" i razzi verso lo spazio o far spostare i satelliti in orbita che dai razzi sono stati portati. Insieme a lei, tanti giovani pieni di entusiasmo e voglia di cimentarsi nel realizzare qualcosa che sembra impossibile: piccoli motori per i satelliti e grandi motori per i razzi che utilizzano "benzine" ecologiche.

«Quando facciamo i test dei motori per i nostri razzi, anche se siamo in aperta campagna, il rumore si sente da lontano. I vicini per ora lo tollerano, sanno che stiamo lavorando a qualcosa di nuovo e di molto ambizioso!

«A differenza dei sistemi convenzionali per lo spazio, che usano carburanti (per meglio dire: propellenti) che spesso sono difficili e costosi da estrarre e presentano tossicità, con rischi anche per gli operatori che li utilizzano, e che generano emissioni inquinanti, i nostri motori innovativi utilizzano propellenti più sostenibili dal punto di vista ambientale, come lo iodio (elemento contenuto nell'acqua di mare) o l'acqua ossigenata (quella che si usa anche per disinfettare le ferite, anche se brucia un po'). Utilizziamo la stampa 3D a metallo per realizzare dispositivi più compatti e leggeri, che quindi, pesando meno, richiedono minori quantità di energia per essere portati su nello spazio. I motori montati sui piccoli satelliti permettono loro di fare manovre in orbita e di ottimizzare le operazioni, evitando di collidere con altri satelliti o con detriti spaziali e, una volta terminata la loro funzione, di rientrare in atmosfera autodistruggendosi per l'attrito senza lasciare traccia. Stiamo lavorando a tutta una serie di soluzioni tecnologiche che possano adattarsi a differenti satelliti, sempre all'insegna della sostenibilità.

«Questo approccio lo riportiamo anche a terra, non solo perché ci sta molto a cuore anche la sostenibilità sociale, e quindi il benessere delle persone che lavorano con noi, ma anche perché lavorare per la sostenibilità diventa uno stimolo a riflettere e a cambiare punto di vista. Mi piacciono moltissimo le foto scattate dall'equipaggio dell'Apollo 8 e quelle fatte da una sonda giapponese l'anno scorso, in cui si vede la Terra dalla Luna. Una prospettiva diversa, uno sguardo dall'esterno. Vale anche per le nostre vite: dove vedevamo solo problemi, potremo iniziare a vedere opportunità e a vivere con gioia. Si tratta di imparare a guardare oltre.»

IL VIAGGIO CONTINUA...

Il sindaco che invitò Amalia ed Elvina a cena la sera precedente all'incontro in piazza era una persona davvero divertente e con una personalità dirompente, di quelle che solo i toscani possono avere. Si dilungò nel raccontare questo e quell'aneddoto sulla vita della valle, non mancarono le barzellette e le battute di spirito. Ma curiosamente non si curò minimamente di preparare le domande che avrebbe dovuto porre alle sue relatrici in qualità di moderatore il giorno successivo. Sembrava molto sicuro di sé.

Così l'indomani, esauriti i saluti e le presentazioni di rito, dal palco allestito nella piazza centrale del borgo, il sindaco si lanciò in una prima domanda ardita, indirizzata ad Amalia: «Di che colore è la Luna?».

Lei lo guardò un po' stranita, ma senza esitazione rispose: «Vedo che il sindaco ha una spiccata curiosità, bene, è una fortuna essere curiosi! Confesso che anch'io ho avuto questa fortuna, ed è proprio una questione di natura. Comunque ognuno di noi, come del resto fanno spesso i bambini, può porre dei "perché". Cosa vuol dire porsi delle domande? Vuol dire non finire mai. Vuol dire diventare eterni. Perché è solo questa curiosità che ci dà modo di passare dalla piccolissima bolla in cui viviamo ai grandi pensieri: da dove veniamo? Quanto è grande l'universo? Dove andremo a finire? Ecco, per me la curiosità è la molla di tante cose». Amalia aveva una certa capacità nel riportare il filo del discorso sulle questioni che interessavano a lei, anche a partire dalle domande più curiose o assurde dei suoi intervistatori.

Poi il sindaco si rivolse a Elvina con una domanda secca: «C'è vita su Titano?». Elvina lo guardò con la faccia a punto interrogativo, ma non si perdette d'animo e, senza neanche dover cercare conforto negli occhi della madre, rispose con tono sicuro: «Domanda interessante. Ma forse possiamo chiederci prima: perché esploriamo lo spazio? L'esplorazione, il desiderio della scoperta, è qualcosa di innato in tutti noi, esponenti del genere umano».

«Io dico» intervenne Amalia «che questo desiderio di conoscere è l'orma di Dio nell'umanità.»

«Il desiderio della conoscenza» continuò Elvina «porta a esplorare quello che non sappiamo, che può essere il mondo microcellulare, le particelle elementari della materia, i buchi neri, o i corpi celesti lontani come Titano, che è una luna di Saturno. Chissà se nel 2034 la missione che la NASA ha previsto ci permetterà di scoprire tracce di vita lassù, ma possiamo certamente affermare che abbiamo l'obiettivo di andare il più lontano possibile.»

«La ricerca della conoscenza è una cosa meravigliosa, perché questo afflato non ha limiti: quando tu scopri qualcosa di nuovo, chiudi una finestra, ma apri un portone» rilanciò Amalia.

Elvina riprese da lì: «Questo desiderio di scoperta è un impulso naturale, nell'umanità; è simile a un "serpente che si mangia la coda", dove ogni nuova tecnologia o scoperta genera la necessità di ulteriori esplorazioni. La conoscenza non ha confini, né nella quantità né nella difficoltà, e ci invita a puntare sempre più in alto, a cercare risposte sempre più significative. Questo paradosso di non accontentarsi, pur essendo noi consapevoli dei nostri limiti, è ciò che ci permette di scoprire potenzialità inimmaginate dentro di noi».

Il sindaco rimase basito e si tacque. Non si sa se perché avesse ottenuto tutte le risposte che cercava o, al contrario, non ne avesse ricevuta alcuna. O forse non sapeva cos'altro chiedere di originale alle sue relatrici. Certo, per i suoi concittadini intervenuti quella sera fu uno shock vedere l'esuberante sindaco così interdetto e ammansito. Amalia ed Elvina lo osservarono in silenzio, attendendo una sua reazione. Ma egli le fissava soddisfatto e compiaciuto, annuendo con il capo, senza dire nulla. Madre e figlia si guardarono negli occhi. Poi si volsero verso il pubblico che restava in attesa, in silenzio. Dalla platea si levò qualche risatina imbarazzata. Ad Amalia ed Elvina, che erano ormai un duo più che collaudato, bastò uno sguardo d'intesa e si ripresero la scena, improvvisando con grande naturalezza domande l'una per l'altra sui temi delle STEM e dello spazio, in un gioco di scoperta o riscoperta reciproca, consapevoli di poter fare benissimo a meno dell'originale moderatore della conferenza. Dalle risposte date con competenza ed esattezza aprirono altre domande che allargarono al pubblico, il quale alla fine, ammaliato da tutti quegli spunti nuovi che lo avevano trascinato per qualche istante verso dimensioni lontane e oniriche, regalò loro un caloroso e travolgente applauso.

Poi Amalia concluse: «E ricordiamoci che per fare tutto questo ci serve vivere in un mondo di pace: la guerra non solo assorbe risorse in modo spaventoso, sotto tutti i punti di vista, ma limita anche le possibilità di esplorazione e avventura. Le attività di esplorazione spaziale che a noi stanno tanto a cuore sono tutte fatte per il benessere dell'umanità, e senza pace queste non possono prosperare. Quindi, possiamo dire che "spazio è uguale a pace"».

LE RAGAZZE DELLA LUNA

(IN ORDINE DI APPARIZIONE)

ANTHEA COMELLINI, nata a Chiari (Brescia) nel 1992, nel novembre 2022 è stata selezionata come membro della riserva degli astronauti e delle astronaute dell'Agenzia spaziale europea (ESA). Doppia laurea in Ingegneria al Politecnico di Milano e alla Grande École ISAE-SUPAERO di Tolosa, ha conseguito presso quest'ultima il dottorato in Navigazione autonoma per rendez-vous nello spazio, in collaborazione con Thales Alenia Space. Attualmente lavora in Francia come ingegnere di ricerca e sviluppo presso Thales Alenia Space, occupandosi di guida, navigazione e sistemi di controllo dell'assetto e dell'orbita.
Ha conseguito la certificazione di addetta al salvataggio e primo soccorso e possiede un brevetto di pilota privato. Nel tempo libero, ama l'orienteering, il nuoto, lo sci di fondo e l'escursionismo.

LUISA INNOCENTI, classe 1964, milanese, si è laureata in Fisica presso l'Università Statale di Milano. Nel 1988 ha iniziato il suo percorso professionale presso l'Agenzia spaziale europea (ESA) a Parigi, occupandosi di esperimenti scientifici in microgravità. Ha poi lavorato vent'anni nel settore dei lanciatori europei. Dal 2012 ha avuto la responsabilità di Clean Space, il programma di ESA per lo sviluppo di nuove tecnologie e nuove pratiche da adottare per limitare gli effetti dei rifiuti spaziali già presenti in orbita e azzerare la generazione di nuovi rifiuti da parte delle missioni future. È madre di due figlie ed è sposata con Franco Ongaro, ingegnere aerospaziale, già allievo di Amalia Ercoli Finzi.

BENEDETTA CATTANI è nata in Danimarca nel 1997. Ha studiato Ingegneria aerospaziale prima al Politecnico di Milano e poi presso l'Università tecnica di Delft, nei Paesi Bassi. Ha svolto un tirocinio e la tesi di laurea magistrale presso l'Agenzia spaziale europea (ESA), dove ha poi lavorato per un anno nel dipartimento di Clean Space sotto la guida di Luisa Innocenti, occupandosi di strategie e tecnologie volte a mitigare il problema dei detriti spaziali in orbita. Nel 2023 ha fondato insieme a Gaia Roncalli e Imane Marouf la start-up Ecosmic, che sviluppa servizi e prodotti software per operatori satellitari. Oltre che di spazio, è appassionata di sport e montagna e non perde mai l'occasione di passare del tempo nella natura.

MARTA MELI, nata a Gubbio nel 1968, è giornalista di Sky TG24. Laureata in Scienze politiche all'Università Cesare Alfieri di Firenze, vive a Milano con Daniele e i due figli Nina e Pietro, a cui regala gadget spaziali. Non viaggia mai senza il suo taccuino per appunti, che porterebbe con sé anche nello spazio se mai un giorno dovesse fare un collegamento in diretta TV da lassù.

CHIARA BERNARDINI, originaria di Castiglione Fiorentino (Arezzo), classe 1979, ha una laurea e un dottorato in Ingegneria meccanica all'Università di Firenze. Ha lavorato come ricercatrice negli USA presso l'Ohio State University e presso il Notre Dame Turbomachinery Lab. Oggi lavora come Lead Propulsion Engineer di SpaceX, in Texas, l'azienda privata del milionario Elon Musk che sta rivoluzionando la corsa allo spazio.

MARIA ANTONIETTA PERINO, classe 1961, torinese, si laurea con lode in Ingegneria nucleare al Politecnico di Torino e frequenta la prima sessione dell'International Space University presso il Massachusetts Institute of Technology (MIT) di Boston, negli USA. Dal 1986 lavora in Thales Alenia Space a Torino in programmi nazionali ed europei legati all'esplorazione della Luna e di Marte. Attualmente è direttore di Space Economy Exploration & International Network. È mamma di Luca e ha fornito importanti contributi a missioni spaziali internazionali.
In molti la chiamano Miss Moon, perché è da sempre una convinta sostenitrice dell'opportunità del ritorno del genere umano sulla Luna.

ELENA D'ONGHIA, nata nel 1970, astrofisica di Vercelli e professoressa presso l'Università del Wisconsin-Madison negli USA, si è specializzata in dinamica delle galassie, con un focus sulla Via Lattea. Dopo aver conseguito la laurea in Fisica all'Università di Torino e un dottorato in Astrofisica all'Università di Milano, ha collaborato con il Max Planck Institute, e le Università di Zurigo e Harvard. Ha ricevuto riconoscimenti internazionali, tra cui una borsa di studio Marie Curie e il premio della Fondazione Alfred P. Sloan. È apparsa sulla copertina di "Nature" con uno studio sulle Nubi di Magellano. Attualmente sta esplorando l'uso dei campi magnetici per proteggere gli astronauti, progetto selezionato dalla NASA nel 2022 tra i dodici progetti visionari per future missioni spaziali. È madre di due gemelli, che la tengono sempre con i piedi per terra.

MICHÈLE LAVAGNA, genovese di nascita, milanese di adozione, classe 1967, è professoressa al dipartimento di Scienze aerospaziali del Politecnico di Milano. Ha svolto la tesi di laurea e di dottorato con Amalia Ercoli Finzi, con la quale ha in seguito collaborato a diversi progetti di ricerca, per raccogliere infine da lei il testimone dell'insegnamento della meccanica del volo. Oggi si occupa di ricerca nell'ambito dell'esplorazione lunare e dei servizi robotici orbitali. Con Michele, suo fedele compagno di avventure, condivide l'amore per il mare aperto, per il rumore del vento, per il cielo stellato e per i cani simpatici di grossa taglia.

STEFANIA DE PASCALE, napoletana, classe 1965, è professoressa ordinaria di Orticoltura e floricoltura al dipartimento di Agraria dell'Università degli Studi di Napoli Federico II. È componente del consiglio tecnico scientifico dell'Agenzia spaziale italiana (ASI) e del consiglio direttivo dell'Accademia dei Georgofili. È responsabile del Laboratory of Crop Research for Space, dedicato alla caratterizzazione delle piante per i sistemi rigenerativi di supporto alla vita nello spazio, nato dalla collaborazione con l'Agenzia spaziale europea (ESA) nell'ambito del programma MELiSSA – Micro-Ecological Life Support System Alternative. Mamma felice di Riccardo.

IMMACOLATA DONNARUMMA, classe 1975, è originaria di Grottaminarda (Avellino). Da sempre ama le lingue straniere e da piccola diceva di voler fare l'interprete e la traduttrice. Ma poi ha scelto la lingua universale della matematica, che sta usando per capire le stelle. Si è laureata in Matematica all'Università La Sapienza di Roma nel 2000 e in seguito ha ottenuto un dottorato di ricerca in Astronomia all'Università di Roma Tor Vergata. Oggi è responsabile dell'ufficio Ricerca, sviluppo e alta formazione dell'Agenzia spaziale italiana (ASI) e ricercatrice nel settore dell'astrofisica delle alte energie ed esperta di analisi e interpretazione dei dati dallo spazio.

ERSILIA VAUDO, nata a Gaeta (Latina) nel 1963, astrofisica, ha ricoperto diversi incarichi all'Agenzia spaziale europea (ESA), nelle sedi di Parigi e Washington. Divulgatrice scientifica e sulla parità di genere nelle materie STEM – Science, Technology, Engineering and Mathematics, è oggi responsabile dell'ufficio Diversità e inclusione dell'ESA, prima agenzia spaziale al mondo che ha aperto una selezione per astronauti con disabilità.

CINZIA ZUFFADA, classe 1956, originaria di Broni (Pavia), ingegnere elettronico, vive da quarant'anni in California. Al Jet Propulsion Laboratory (JPL) della NASA, dove ha ricoperto il ruolo di Deputy Chief Scientist, si è occupata di molti progetti di ricerca innovativi, principalmente per monitorare la Terra dai satelliti nello spazio. È presidente dell'associazione italo-americana ISSNAF, Italian Scientists and Scholars in Nord America Foundation, che conta tra i soci alcuni premi Nobel e promuove attività di networking per i ricercatori italiani negli USA e Canada e borse di studio per studenti italiani.

CORINNA SPERANDINI, classe 1964, imprenditrice, vive a Fano (Pesaro Urbino). Ha lavorato nel fashion e nell'industria dell'automobile prima di fondare l'azienda Spacewear Astronaut Equipment che progetta e realizza tute spaziali Made in Italy. Le sue passioni sono lo spazio, la gemmologia (e questo un po' c'entra con l'amore per lo spazio), il suo lavoro, il tempo libero – anche se ne ha poco – e i cani. Ha insegnato al corso di laurea in Design e Made in Italy dell'Università di Urbino Carlo Bo ed è *lecturer* in molti eventi dedicati allo spazio.

LILIANA RAVAGNOLO, nata nel 1960, laureata in Psicologia del lavoro all'Università di Padova, vive a Torino. Dal 1998 ha intrapreso la carriera di istruttore tecnico per gli astronauti della Stazione spaziale internazionale. Oggi lavora in Altec a Torino, una joint venture tra Agenzia spaziale italiana (ASI) e Thales Alenia Space, dove è responsabile della definizione, sviluppo e certificazione del training per gli operatori di terra del Rover Operations Control Center (ROCC) della missione ExoMars che nel 2028 arriverà su Marte. Mamma di Elisa e Valentina, oltre che di spazio è appassionata di teatro, canto gospel e ama fare passeggiate con i suoi due cani husky.

SIMONETTA DI PIPPO, astrofisica, è nata a Roma nel 1959. È direttrice del laboratorio di economia spaziale SEE Lab e professoressa presso SDA Bocconi School of Management a Milano. È *visiting professor* alla New York University di Abu Dhabi. Già direttrice dell'Ufficio delle Nazioni Unite per gli affari dello spazio extra-atmosferico (UNOOSA) con sede a Vienna, dei Voli umani dell'Agenzia spaziale europea (ESA), e dell'Osservazione dell'universo dell'Agenzia spaziale italiana (ASI). Nel 2008, l'asteroide 21887 è stato a lei dedicato ribattezzandolo "dipippo". Prima donna a ricevere il premio Hubert Curien, nel 2022 è stata inserita nella Hall of Fame della International Astronautical Federation (IAF).

CLELIA IACOMINO, classe 1989, è cresciuta a Latina. È *lecturer* di Economia spaziale presso la SDA Bocconi School of Management di Milano. I suoi ambiti di ricerca e le sue pubblicazioni scientifiche si concentrano su tematiche legate al management, alle politiche di innovazione, alla *governance* e al ruolo delle istituzioni pubbliche nel settore spaziale. Clelia ha conseguito la laurea magistrale in Scienze politiche – relazioni internazionali presso l'Università La Sapienza di Roma, un master in Istituzioni e politiche spaziali presso la SIOI (Società italiana per l'organizzazione internazionale) e un dottorato in Management & Innovation presso l'Università Cattolica del Sacro Cuore di Milano.

RAFFAELLA TONTINI è nata nel 1974 e vive a Roma con il marito Roberto e i figli Brando e Yari. Era in coda già da due ore per iscriversi alla facoltà di Medicina, quando, chiamata dal destino all'ultimo minuto, ha cambiato fila e ha scelto Ingegneria, sorprendendo tutti in famiglia. Ispirata da una grande donna, la professoressa Chiara Valente, sua docente di Meccanica del volo, si è specializzata in Ingegneria aerospaziale presso l'Università La Sapienza di Roma. Dopo uno stage in ESA nei Paesi Bassi, dal 2001 lavora in Avio, primaria azienda spaziale italiana quotata in borsa, che dalla sede di Colleferro vicino a Roma progetta e realizza i razzi spaziali Vega e i motori per Ariane, il lanciatore spaziale europeo.

CRISTINA LEONE, nata a Terni nel 1968, si è laureata all'Università La Sapienza di Roma in Ingegneria elettronica, con una tesi su un radar per la missione Rosetta. Dal 2003 lavora presso il gruppo Leonardo, tra i leader mondiali dell'aerospazio, dei sistemi di difesa e della sicurezza, avendo ricoperto varie posizioni nella direzione tecnica. Attualmente è responsabile dei programmi di ricerca e sviluppo finanziati con fonti esterne del gruppo. È presidente del Cluster tecnologico nazionale dell'aerospazio, che ha attivato diversi programmi di divulgazione STEM nelle scuole, tra cui spicca l'iniziativa Space Dreams, ed è tra le Inspiring Fifties, ovvero tra le cinquanta donne più influenti nella tecnologia in Italia.

LAURA ESPOSITO, classe 1988, lavora e vive a Roma con il marito Stefano e i figli Beatrice e Giulio. Laureata in Ingegneria aeronautica all'Università La Sapienza di Roma, oggi è responsabile dell'unità di programmi e operazioni droni di Telespazio, azienda del gruppo Leonardo tra i leader mondiali nel campo dei servizi spaziali, che vanno dalla progettazione e sviluppo di sistemi spaziali, alla gestione dei servizi di lancio e controllo in orbita dei satelliti; dai servizi di osservazione della Terra, comunicazioni integrate, navigazione e localizzazione satellitare, fino ai programmi scientifici. Il Centro spaziale del Fucino di Telespazio, in Abruzzo, da cui vengono erogati molti di questi servizi, è un'eccellenza tecnologica italiana nel mondo.

ELENA TOSON, padovana, classe 1983, si è laureata all'Università di Padova e al Politecnico di Torino in Ingegneria aerospaziale e ha conseguito nella stessa disciplina un dottorato di ricerca al Politecnico di Milano. Lungo la sua strada ha anche reso molto felice e orgoglioso il nonno, ex operatore dell'Aeronautica, che negli ultimi anni di vita ha ritrovato in lei una valida interlocutrice tecnica. È membro del consiglio di amministrazione con incarichi operativi in T4i Technology For Innovation, azienda di Padova che progetta, collauda e realizza innovativi sistemi di propulsione spaziale. Tra i numerosi progetti di sostenibilità che segue in questo momento, c'è anche quello di un'arnia di api per il giardino di casa. È mamma di Giovanna, Gemma e Maia e moglie di Cristiano.

Certificato PEFC
Questo prodotto è realizzato con materia prima da foreste gestite in maniera sostenibile e da fonti controllate
PEFC
PEFC/18-32-03
www.pefc.it

Questo volume è stato stampato
su carta HOLMEN
con fibra vergine proveniente da foreste sostenibili holmen.com/paper